# 中华人民共和国
# 房屋建筑和市政工程
# 标准施工招标文件

## 2010 年版

《房屋建筑和市政工程标准施工招标文件》编制组

中国建筑工业出版社

**图书在版编目(CIP)数据**

房屋建筑和市政工程标准施工招标文件/《房屋建筑和市政
工程标准施工招标文件》编制组编. —北京：中国建筑工业
出版社，2010.7

ISBN 978-7-112-12295-0

Ⅰ. ①房… Ⅱ. ①房… Ⅲ. ①建筑工程—工程施工—
招标—文件—中国②市政工程—工程施工—招标—文件—中
国 Ⅳ. ①TU723②TU99

中国版本图书馆 CIP 数据核字(2010)第 141451 号

责任编辑：刘 江
责任设计：赵明霞
责任校对：关 健 王雪竹

中华人民共和国
**房屋建筑和市政工程标准施工招标文件**
2010 年版
《房屋建筑和市政工程标准施工招标文件》编制组

\*

中国建筑工业出版社出版、发行(北京西郊百万庄)
各地新华书店、建筑书店经销
北 京 天 成 排 版 公 司 制 版
北京云浩印刷有限责任公司印刷

\*

开本：787×1092 毫米 1/16 印张：17¼ 字数：420 千字
2010 年 7 月第一版 2010 年 11 月第二次印刷
定价：**49.00** 元
ISBN 978-7-112-12295-0
(19552)

# 关于印发《房屋建筑和市政工程标准施工招标资格预审文件》和《房屋建筑和市政工程标准施工招标文件》的通知

建市〔2010〕88号

各省、自治区住房和城乡建设厅，直辖市建委（建设交通委），新疆生产建设兵团建设局：

为了规范房屋建筑和市政工程施工招标资格预审文件、招标文件编制活动，促进房屋建筑和市政工程招标投标公开、公平和公正，根据《〈标准施工招标资格预审文件〉和〈标准施工招标文件〉试行规定》（国家发展改革委、财政部、建设部等九部委令第56号），我部制定了《房屋建筑和市政工程标准施工招标资格预审文件》和《房屋建筑和市政工程标准施工招标文件》，现予发布，自即日起施行。

附件：1. 房屋建筑和市政工程标准施工招标资格预审文件（略）
2. 房屋建筑和市政工程标准施工招标文件（略）

中华人民共和国住房和城乡建设部
二〇一〇年六月九日

## 《房屋建筑和市政工程标准施工招标文件》
## 《房屋建筑和市政工程标准施工招标资格预审文件》
# 编 制 人 员 名 单

**编制领导小组组长：** 陈重

**编制领导小组成员**（以姓氏笔画为序）：

王 宁　王早生　王树平　王素卿　刘 哲　刘宇昕

刘晓艳　孙 乾　周 韬　徐惠琴　隋振江

**编制工作小组成员**（以姓氏笔画为序）：

丁 胜　马 丛　王 玮　冉 洁　史汉星　冯 志

朱金山　全 河　江 华　李 震　李雪飞　杨丽坤

宋 涛　初 勇　张 娟　张跃群　陈 波　陈现忠

林乐彬　罗晓杰　段广平　逄宗展　姚 健　姚天玮

栗元珍　贾朝杰　商丽萍　程 军　解 菲　缪长江

燕 平

**编制专家**（以姓氏笔画为序）：

于德琼　王 宏　田 晓　白 松　冯志祥　李 强

李新忠　邱 闻　张 弘　张相和　张翠兰　姜开义

袁利军　董红梅

**咨询专家**（以姓氏笔画为序）：

王 斌　王宏伟　王继忠　卢 斌　巩崇洲　刘耿辉

宋 红　安连发　江军学　孙晓光　杨 洋　李新和

李德全　杨 博　杨瑞凡　吴 尽　吴志勇　冷 振

陈益龙　林 琳　周 杰　周元楼　胡九华　郝小兵

费翔虎　贺志良　顾振东　徐德智　郭 敏　唐 彬

谢洪学

# 使 用 说 明

一、《房屋建筑和市政工程标准施工招标文件》（以下简称"行业标准施工招标文件"）是《标准施工招标文件》（国家发展和改革委员会、财政部、原建设部等九部委 56 号令发布）的配套文件，适用于一定规模以上，且设计和施工不是由同一承包人承担的房屋建筑和市政工程的施工招标。

二、《标准施工招标文件》第二章"投标人须知"和第三章"评标办法"正文部分以及第四章第一节"通用合同条款"是《行业标准施工招标文件》的组成部分。《行业标准施工招标文件》的第二章"投标人须知"、第三章"评标办法"正文部分以及第四章第一节"通用合同条款"均直接引用《标准施工招标文件》相同序号的章节。

三、《行业标准施工招标文件》用相同序号标示的章、节、条、款、项、目，供招标人和投标人选择使用；以空格标示的由招标人填写的内容，招标人应根据招标项目具体特点和实际需要具体化，确实没有需要填写的，在空格中用"/"标示。

四、招标人按照《行业标准施工招标文件》第一章的格式发布招标公告或发出投标邀请书后，将实际发布的招标公告或实际发出的投标邀请书编入出售的招标文件中，作为投标邀请，其中，招标公告应同时注明发布所在的所有媒介名称。

五、《行业标准施工招标文件》第二章"投标人须知"正文和前附表，除以空格标示的由招标人填写的内容、选择性内容和可补充内容外，均应不加修改地直接引用。填空、选择和补充内容由招标人根据国家和地方有关法律法规的规定以及招标项目具体情况确定。

六、《行业标准施工招标文件》第三章"评标办法"分别规定了经评审的最低投标价法和综合评估法两种评标方法，供招标人根据招标项目具体特点和实际需要选择使用。招标人选择使用经评审的最低投标价法的，应当在招标文件中明确启动投标报价是否低于投标人成本评审程序的警戒线，以及评标价的折算因素和折算标准。招标人选择适用综合评估法的，各评审因素的评审标准、分值和权重等由招标人根据有关规定和招标项目具体情况确定。本章所附的各个附件属于示范性内容，提倡招标人根据实际需要作选择性引用。

第三章"评标办法"前附表应列明全部评审因素和评审标准,并在本章(前附表及正文)标明或者以附件方式在"评标办法"中集中列示投标人不满足其要求即导致废标的全部条款。

七、《行业标准施工招标文件》第四章第一节"通用合同条款"和第二节"专用合同条款"(除以空格标示的由招标人填空的内容和选择性内容外),均应不加修改地直接引用。填空内容由招标人根据国家和地方有关法律法规的规定以及招标项目具体情况确定。

八、《行业标准施工招标文件》第五章"工程量清单"是示范性内容,但是,除以空格标示的由招标人填空的内容外,提倡招标人不加修改地直接引用。招标人也可以根据本行业标准施工招标文件、《建设工程工程量清单计价规范》、招标项目具体特点和实际需要编制,但必须与"投标人须知"、"通用合同条款"、"专用合同条款"、"技术标准和要求"、"图纸"相衔接。

九、《行业标准施工招标文件》第六章"图纸"由招标人(或其委托的设计人)根据招标项目具体特点和实际需要编制,并与"投标人须知"、"通用合同条款"、"专用合同条款"、"技术标准和要求"相衔接。

十、《行业标准施工招标文件》第七章"技术标准和要求"也是示范性内容,但是,其第一节"一般要求"充分考虑了与第四章"通用合同条款"和"专用合同条款"的相互衔接,提倡招标人不加修改地直接引用,并在其基础上结合招标项目具体特点和实际需要进行补充,其中以空格标示的以及第二节和第三节由招标人根据本招标文件、招标项目具体特点和实际需要编制。"技术标准和要求"中的各项技术标准应符合国家强制性标准,不得要求或标明某一特定的专利、商标、名称、设计、原产地或生产供应者,不得含有倾向或者排斥潜在投标人的其他内容。如果必须引用某一生产供应者的技术标准才能准确或清楚地说明拟招标项目的技术标准时,则应当在参照后面加上"或相当于"字样。

十一、《行业标准施工招标文件》为2010年版,将根据实际执行过程中出现的问题以及《标准施工招标文件》修订情况及时进行修改。各使用单位或个人对《行业标准施工招标文件》的修改意见和建议,可向编制工作小组反映。

联系电话:(010)58933262

_____（项目名称）_____标段施工招标

# 招 标 文 件

招 标 人：_____（盖单位章）

日　　期：_____年_____月_____日

# 目　　录

## 第一卷

# 第二卷

# 第三卷

# 第四卷

# 第 一 卷

第一章　招标公告（未进行资格预审）

第一章　投标邀请书（适用于邀请招标）

第一章　投标邀请书（代资格预审通过通知书）

# 第一章 招标公告（未进行资格预审）

## _____（项目名称）_____标段施工招标公告

## 1. 招标条件

本招标项目_____（项目名称）已由_____（项目审批、核准或备案机关名称）以_____（批文名称及编号）批准建设，招标人（项目业主）为_____，建设资金来自_____（资金来源），项目出资比例为_____。项目已具备招标条件，现对该项目的施工进行公开招标。

## 2. 项目概况与招标范围

_____[说明本招标项目的建设地点、规模、合同估算价、计划工期、招标范围、标段划分（如果有）等]。

## 3. 投标人资格要求

3.1 本次招标要求投标人须具备_____资质，_____（类似项目描述）业绩，并在人员、设备、资金等方面具有相应的施工能力，其中，投标人拟派项目经理须具备_____专业_____级注册建造师执业资格，具备有效的安全生产考核合格证书，且未担任其他在施建设工程项目的项目经理。

3.2 本次招标_____（接受或不接受）联合体投标。联合体投标的，应满足下列要求：_____。

3.3　各投标人均可就本招标项目上述标段中的_____（具体数量）个标段投标，但最多允许中标_____（具体数量）个标段（适用于分标段的招标项目）。

## 4. 投标报名

凡有意参加投标者，请于____年____月____日至____年____月____日（法定公休日、法定节假日除外），每日上午____时至____时，下午____时至____时（北京时间，下同），在_____（有形建筑市场/交易中心名称及地址）报名。

## 5. 招标文件的获取

5.1　凡通过上述报名者，请于_____年_____月_____日至_____年_____月_____日（法定公休日、法定节假日除外），每日上午_____时至_____时，下午_____时至_____时，在_____（详细地址）持单位介绍信购买招标文件。

5.2　招标文件每套售价_____元，售后不退。图纸押金_____元，在退还图纸时退还（不计利息）。

5.3　邮购招标文件的，需另加手续费（含邮费）_____元。招标人在收到单位介绍信和邮购款（含手续费）后____日内寄送。

## 6. 投标文件的递交

6.1　投标文件递交的截止时间（投标截止时间，下同）为____年____月____日____时____分，地点为_____（有形建筑市场/交易中心名称及地址）。

6.2　逾期送达的或者未送达指定地点的投标文件，招标人不予受理。

## 7. 发布公告的媒介

本次招标公告同时在_____（发布公告的媒介名称）上发布。

## 8. 联系方式

| | |
|---|---|
| 招 标 人：＿＿＿＿＿＿＿＿ | 招标代理机构：＿＿＿＿＿＿＿＿ |
| 地　　址：＿＿＿＿＿＿＿＿ | 地　　址：＿＿＿＿＿＿＿＿ |
| 邮　　编：＿＿＿＿＿＿＿＿ | 邮　　编：＿＿＿＿＿＿＿＿ |
| 联 系 人：＿＿＿＿＿＿＿＿ | 联 系 人：＿＿＿＿＿＿＿＿ |
| 电　　话：＿＿＿＿＿＿＿＿ | 电　　话：＿＿＿＿＿＿＿＿ |
| 传　　真：＿＿＿＿＿＿＿＿ | 传　　真：＿＿＿＿＿＿＿＿ |
| 电子邮件：＿＿＿＿＿＿＿＿ | 电子邮件：＿＿＿＿＿＿＿＿ |
| 网　　址：＿＿＿＿＿＿＿＿ | 网　　址：＿＿＿＿＿＿＿＿ |
| 开户银行：＿＿＿＿＿＿＿＿ | 开户银行：＿＿＿＿＿＿＿＿ |
| 账　　号：＿＿＿＿＿＿＿＿ | 账　　号：＿＿＿＿＿＿＿＿ |

＿＿＿年＿＿＿月＿＿＿日

# 第一章 投标邀请书（适用于邀请招标）

_____（项目名称）_____标段施工投标邀请书

_____（被邀请单位名称）：

## 1. 招标条件

本招标项目_____（项目名称）已由_____（项目审批、核准或备案机关名称）以_____（批文名称及编号）批准建设，招标人（项目业主）为_____，建设资金来自_____（资金来源），出资比例为_____。项目已具备招标条件，现邀请你单位参加_____（项目名称）____标段施工投标。

## 2. 项目概况与招标范围

_____［说明本招标项目的建设地点、规模、合同估算价、计划工期、招标范围、标段划分（如果有）等］。

## 3. 投标人资格要求

3.1 本次招标要求投标人具备_____资质，_____（类似项目描述）业绩，并在人员、设备、资金等方面具有相应的施工能力。

3.2 你单位_____（可以或不可以）组成联合体投标。联合体投标的，应满足下列要求：_____。

3.3 本次招标要求投标人拟派项目经理具备_____专业_____级注册建造师执业资格，具备有效的安全生产考核合格证书，且未担任其他在施建设工程项目的项目经理。

## 4. 招标文件的获取

4.1 请于_____年_____月_____日至_____年_____月_____日（法定公休

日、法定节假日除外），每日上午_____时至_____时，下午_____时至_____时（北京时间，下同），在_____（详细地址）持本投标邀请书购买招标文件。

4.2 招标文件每套售价_____元，售后不退。图纸押金_____元，在退还图纸时退还（不计利息）。

4.3 邮购招标文件的，需另加手续费（含邮费）_____元。招标人在收到邮购款（含手续费）后_____日内寄送。

## 5. 投标文件的递交

5.1 投标文件递交的截止时间（投标截止时间，下同）为_____年_____月___日___时___分，地点为_____（有形建筑市场/交易中心名称及地址）。

5.2 逾期送达的或者未送达指定地点的投标文件，招标人不予受理。

## 6. 确认

你单位收到本投标邀请书后，请于_____（具体时间）前以传真或快递方式予以确认。

## 7. 联系方式

招　标　人：_____　　招标代理机构：_____

地　　　址：_____　　地　　　址：_____

邮　　　编：_____　　邮　　　编：_____

联　系　人：_____　　联　系　人：_____

电　　　话：_____　　电　　　话：_____

传　　　真：_____　　传　　　真：_____

电子邮件：_____　　电子邮件：_____

网　　　址：_____　　网　　　址：_____

开户银行：_____　　开户银行：_____

账　　　号：_____　　账　　　号：_____

_____年_____月_____日

# 第一章 投标邀请书(代资格预审通过通知书)

## _____(项目名称)_____标段施工投标邀请书

_____(被邀请单位名称):

你单位已通过资格预审,现邀请你单位按招标文件规定的内容,参加_____(项目名称)_____标段施工投标。

请你单位于_____年_____月_____日至_____年_____月_____日(法定公休日、法定节假日除外),每日上午_____时至_____时,下午_____时至_____时(北京时间,下同),在_____(详细地址)持本投标邀请书购买招标文件。

招标文件每套售价为_____元,售后不退。图纸押金_____元,在退还图纸时退还(不计利息)。邮购招标文件的,需另加手续费(含邮费)_____元。招标人在收到邮购款(含手续费)后_____日内寄送。

递交投标文件的截止时间(投标截止时间,下同)为 年_____月_____日_____时_____分,地点为_____(有形建筑市场/交易中心名称及地址)。

逾期送达的或者未送达指定地点的投标文件,招标人不予受理。

你单位收到本投标邀请书后,请于_____(具体时间)前以传真或快递方式予以确认。

招 标 人:_____  招标代理机构:_____

地　　址:_____  地　　址:_____

邮　　编:_____  邮　　编:_____

联 系 人:_____  联 系 人:_____

电　　话:_____  电　　话:_____

传　　真:_____  传　　真:_____

电子邮件:_____  电子邮件:_____

网　　址:_____  网　　址:_____

开户银行:_____  开户银行:_____

账　　号:_____  账　　号:_____

_____年_____月_____日

# 第二章　投标人须知

# 第二章　投标人须知

## 投标人须知前附表

| 条款号 | 条款名称 | 编列内容 |
|---|---|---|
| 1.1.2 | 招标人 | 名称：<br>地址：<br>联系人：<br>电话：<br>电子邮件： |
| 1.1.3 | 招标代理机构 | 名称：<br>地址：<br>联系人：<br>电话：<br>电子邮件： |
| 1.1.4 | 项目名称 | |
| 1.1.5 | 建设地点 | |
| 1.2.1 | 资金来源 | |
| 1.2.2 | 出资比例 | |
| 1.2.3 | 资金落实情况 | |
| 1.3.1 | 招标范围 | ＿＿＿＿＿＿＿＿＿＿＿＿＿＿＿＿＿<br>＿＿＿＿＿＿＿＿＿＿＿＿＿＿＿，<br>关于招标范围的详细说明见第七章"技术标准和要求" |
| 1.3.2 | 计划工期 | 计划工期：＿＿＿＿日历天<br>计划开工日期：＿＿年＿＿＿月＿＿日<br>计划竣工日期：＿＿年＿＿＿月＿＿日<br>除上述总工期外，发包人还要求以下区段工期：<br>＿＿＿＿＿＿＿＿＿＿＿＿＿＿＿＿<br>有关工期的详细要求见第七章"技术标准和要求" |
| 1.3.3 | 质量要求 | 质量标准：<br>关于质量要求的详细说明见第七章"技术标准和要求" |

| 条款号 | 条 款 名 称 | 编 列 内 容 |
|---|---|---|
| 1.4.1 | 投标人资质条件、能力和信誉 | 资质条件：<br>财务要求：<br>业绩要求：<br>信誉要求：<br>项目经理资格：_____专业_____级（含以上级）注册建造师执业资格，具备有效的安全生产考核合格证书，且不得担任其他在施建设工程项目的项目经理。<br>其他要求： |
| 1.4.2 | 是否接受联合体投标 | □ 不接受<br>□ 接受，应满足下列要求：<br>_____<br>联合体资质按照联合体协议约定的分工认定 |
| 1.9.1 | 踏勘现场 | □ 不组织<br>□ 组织，踏勘时间：<br>　　　　踏勘集中地点： |
| 1.10.1 | 投标预备会 | □ 不召开<br>□ 召开，召开时间：<br>　　　　召开地点： |
| 1.10.2 | 投标人提出问题的截止时间 | |
| 1.10.3 | 招标人书面澄清的时间 | |
| 1.11 | 分包 | □ 不允许<br>□ 允许，分包内容要求：<br>　　　　分包金额要求：<br>　　　　接受分包的第三人资质要求： |
| 1.12 | 偏离 | □ 不允许<br>□ 允许，可偏离的项目和范围见第七章"技术标准和要求"；<br>　　　　允许偏离最高项数：_____<br>　　　　偏差调整方法：_____ |

| 条款号 | 条 款 名 称 | 编 列 内 容 |
|---|---|---|
| 2.1 | 构成招标文件的其他材料 | |
| 2.2.1 | 投标人要求澄清招标文件的截止时间 | |
| 2.2.2 | 投标截止时间 | _____年___月___日___时___分 |
| 2.2.3 | 投标人确认收到招标文件澄清的时间 | 在收到相应澄清文件后 _____小时内 |
| 2.3.2 | 投标人确认收到招标文件修改的时间 | 在收到相应修改文件后_____小时内 |
| 3.1.1 | 构成投标文件的其他材料 | |
| 3.3.1 | 投标有效期 | _____天 |
| 3.4.1 | 投标保证金 | 投标保证金的形式：<br>投标保证金的金额：<br>递交方式： |
| 3.5.2 | 近年财务状况的年份要求 | _____年，指___年___月___日起至___年___月___日止 |
| 3.5.3 | 近年完成的类似项目的年份要求 | _____年，指___年___月___日起至___年___月___日止 |
| 3.5.5 | 近年发生的诉讼及仲裁情况的年份要求 | _____年，指___年___月___日起至___年___月___日止 |
| 3.6 | 是否允许递交备选投标方案 | □ 不允许<br>□ 允许，备选投标方案的编制要求见附表七"备选投标方案编制要求"，评审和比较方法见第三章"评标办法" |
| 3.7.3 | 签字和(或)盖章要求 | |

| 条款号 | 条款名称 | 编列内容 |
|---|---|---|
| 3.7.4 | 投标文件副本份数 | ＿＿＿＿＿＿＿＿份 |
| 3.7.5 | 装订要求 | 按照投标人须知第 3.1.1 项规定的投标文件组成内容，投标文件应按以下要求装订：<br>□ 不分册装订<br>□ 分册装订，共分＿＿册，分别为：<br>　投标函，包括＿＿至＿＿的内容<br>　商务标，包括＿＿至＿＿的内容<br>　技术标，包括＿＿至＿＿的内容<br>　＿＿＿＿＿标，包括＿＿至＿＿的内容<br>每册采用＿＿＿＿方式装订，装订应牢固、不易拆散和换页，不得采用活页装订 |
| 4.1.2 | 封套上写明 | 招标人地址：<br>招标人名称：<br>＿＿＿＿＿（项目名称）＿＿＿＿标段投标文件在＿＿年＿＿月＿＿日＿＿时＿＿分前不得开启 |
| 4.2.2 | 递交投标文件地点 | ＿＿＿＿＿＿＿＿＿＿＿＿＿＿＿<br>（有形建筑市场/交易中心名称及地址） |
| 4.2.3 | 是否退还投标文件 | □ 否<br>□ 是，退还安排： |
| 5.1 | 开标时间和地点 | 开标时间：同投标截止时间<br>开标地点： |
| 5.2 | 开标程序 | （4）密封情况检查：<br>（5）开标顺序： |
| 6.1.1 | 评标委员会的组建 | 评标委员会构成：＿＿＿＿＿人，其中招标人代表＿＿＿＿人（限招标人在职人员，且应当具备评标专家相应的或者类似的条件），专家＿＿＿＿＿人；<br>评标专家确定方式：＿＿＿＿＿＿ |
| 7.1 | 是否授权评标委员会确定中标人 | □ 是<br>□ 否，推荐的中标候选人数：＿＿＿＿ |

| 条款号 | 条款名称 | 编列内容 |
|---|---|---|
| 7.3.1 | 履约担保 | 履约担保的形式：<br>履约担保的金额： |
|  |  |  |
| 10. 需要补充的其他内容 | | |
| 10.1 词语定义 | | |
| 10.1.1 | 类似项目 | 类似项目是指： |
| 10.1.2 | 不良行为记录 | 不良行为记录是指： |
| … | … |  |
| 10.2 招标控制价 | | |
|  | 招标控制价 | □ 不设招标控制价<br>□ 设招标控制价，招标控制价为：_____元<br>详见本招标文件附件：_____ |
| 10.3 "暗标"评审 | | |
|  | 施工组织设计是否采用"暗标"评审方式 | □ 不采用<br>□ 采用，投标人应严格按照第八章"投标文件格式"中"施工组织设计（技术暗标）编制及装订要求"编制和装订施工组织设计 |
| 10.4 投标文件电子版 | | |
|  | 是否要求投标人在递交投标文件时，同时递交投标文件电子版 | □ 不要求<br>□ 要求，投标文件电子版内容：<br><br>_____<br><br>投标文件电子版份数：<br><br>_____<br><br>投标文件电子版形式：<br><br>_____<br><br>投标文件电子版密封方式：单独放入一个密封袋中，加贴封条，并在封套封口处加盖投标人单位章，在封套上标记"投标文件电子版"字样 |

| 条款号 | 条款名称 | 编列内容 |
|---|---|---|
| 10.5 | 计算机辅助评标 | |
| | 是否实行计算机辅助评标 | □ 否<br>□ 是,投标人需递交纸质投标文件一份,同时按本须知附表八"电子投标文件编制及报送要求"编制及报送电子投标文件。计算机辅助评标方法见第三章"评标办法" |
| 10.6 | 投标人代表出席开标会 | |
| | | 按照本须知第5.1款的规定,招标人邀请所有投标人的法定代表人或其委托代理人参加开标会。投标人的法定代表人或其委托代理人应当按时参加开标会,并在招标人按开标程序进行点名时,向招标人提交法定代表人身份证明文件或法定代表人授权委托书,出示本人身份证,以证明其出席,否则,其投标文件按废标处理 |
| 10.7 | 中标公示 | |
| | | 在中标通知书发出前,招标人将中标候选人的情况在本招标项目招标公告发布的同一媒介和有形建筑市场/交易中心予以公示,公示期不少于3个工作日 |
| 10.8 | 知识产权 | |
| | | 构成本招标文件各个组成部分的文件,未经招标人书面同意,投标人不得擅自复印和用于非本招标项目所需的其他目的。招标人全部或者部分使用未中标人投标文件中的技术成果或技术方案时,需征得其书面同意,并不得擅自复印或提供给第三人 |
| 10.9 | 重新招标的其他情形 | |
| | | 除投标人须知正文第8条规定的情形外,除非已经产生中标候选人,在投标有效期内同意延长投标有效期的投标人少于三个的,招标人应当依法重新招标 |
| 10.10 | 同义词语 | |
| | | 构成招标文件组成部分的"通用合同条款"、"专用合同条款"、"技术标准和要求"和"工程量清单"等章节中出现的措辞"发包人"和"承包人",在招标投标阶段应当分别按"招标人"和"投标人"进行理解 |
| 10.11 | 监督 | |
| | | 本项目的招标投标活动及其相关当事人应当接受有管辖权的建设工程招标投标行政监督部门依法实施的监督 |

| 条款号 | 条 款 名 称 | 编 列 内 容 |
|---|---|---|
| 10.12 | 解释权 | |
| | | 　　构成本招标文件的各个组成文件应互为解释，互为说明；如有不明确或不一致，构成合同文件组成内容，以合同文件约定内容为准，且以专用合同条款约定的合同文件优先顺序解释；除招标文件中有特别规定外，仅适用于招标投标阶段的规定，按招标公告(投标邀请书)、投标人须知、评标办法、投标文件格式的先后顺序解释；同一组成文件中就同一事项的规定或约定不一致的，以编排顺序在后者为准；同一组成文件不同版本之间有不一致的，以形成时间在后者为准。按本款前述规定仍不能形成结论的，由招标人负责解释 |
| 10.13 | 招标人补充的其他内容 | |
| | | ······ |

## 投标人须知正文部分

投标人须知正文部分直接引用中国计划出版社出版的中华人民共和国《标准施工招标文件》(2007 版)第一卷第二章"投标人须知"正文部分(第 13 页至第 22 页)。

## 附表一：开标记录表

_____(项目名称)_____**标段施工开标记录表**

开标时间：_____年_____月_____日_____时_____分

开标地点：_____

（一）唱标记录

| 序号 | 投标人 | 密封情况 | 投标保证金 | 投标报价（元） | 质量目标 | 工期 | 备注 | 签名 |
|------|--------|----------|------------|----------------|----------|------|------|------|
|      |        |          |            |                |          |      |      |      |
|      |        |          |            |                |          |      |      |      |
|      |        |          |            |                |          |      |      |      |
|      |        |          |            |                |          |      |      |      |
|      |        |          |            |                |          |      |      |      |
|      |        |          |            |                |          |      |      |      |
|      |        |          |            |                |          |      |      |      |
|      |        |          |            |                |          |      |      |      |
|      |        |          |            |                |          |      |      |      |
| 招标人编制的标底(如果有) | | | | | | | | |

（二）开标过程中的其他事项记录

_____

_____

_____

_____

_____

（三）出席开标会的单位和人员(附签到表)

招标人代表：_____　记录人：_____　监标人：_____

_____年_____月_____日

## 附表二：问题澄清通知

# 问 题 澄 清 通 知

编号：＿＿＿＿＿＿＿＿＿＿＿＿＿＿

＿＿＿＿＿＿＿＿＿＿＿＿＿＿＿（投标人名称）：

＿＿＿＿＿＿＿＿＿＿＿＿＿＿＿（项目名称）＿＿＿＿＿标段施工招标的评标委员会，对你方的投标文件进行了仔细的审查，现需你方对本通知所附质疑问卷中的问题以书面形式予以澄清、说明或者补正。

请将上述问题的澄清、说明或者补正于＿＿＿＿＿年＿＿＿＿＿月＿＿＿＿＿日＿＿＿＿＿时前密封递交至＿＿＿＿＿＿＿＿＿＿＿（详细地址）或传真至＿＿＿＿＿＿＿＿＿＿＿（传真号码）。采用传真方式的，应在＿＿＿＿＿年＿＿＿＿＿月＿＿＿＿＿日＿＿＿＿＿时前将原件递交至＿＿＿＿＿＿＿＿＿＿＿＿（详细地址）。

附件：质疑问卷

＿＿＿＿＿＿＿＿＿＿＿＿（项目名称）＿＿＿＿标段施工招标评标委员会
（经评标委员会授权的招标人代表签字或招标人加盖单位章）

＿＿＿＿＿＿＿年＿＿＿＿＿＿月＿＿＿＿＿＿日

## 附表三：问题的澄清

## 问题的澄清、说明或补正

编号：_____

_____(项目名称)_____标段施工招标评标委员会：

问题澄清通知(编号：_____)已收悉，现澄清、说明或者补正如下：

1.

2.

……

投标人：_____(盖单位章)

法定代表人或其委托代理人：_____(签字)

_____年_____月_____日

## 附表四：中标通知书

# 中 标 通 知 书

_____（中标人名称）：

你方于_____（投标日期)所递交的_____（项目名称)_____标段施工投标文件已被我方接受，被确定为中标人。

中 标 价：_____元。

工　　期：_____日历天。

工程质量：符合_____标准。

项目经理：_____（姓名）。

请你方在接到本通知书后的_____日内到_____（指定地点）与我方签订施工承包合同，在此之前按招标文件第二章"投标人须知"第7.3款规定向我方提交履约担保。

特此通知。

招标人：_____（盖单位章）

法定代表人：_____（签字）

_____年_____月_____日

## 附表五：中标结果通知书

# 中标结果通知书

_____（未中标人名称）：

我方已接受_____（中标人名称）于_____（投标日期)所递交的_____（项目名称)_____标段施工投标文件，确定_____（中标人名称)为中标人。

感谢你单位对我方工作的大力支持！

招标人：_____（盖单位章)

法定代表人：_____（签字)

_____年_____月_____日

**附表六：确认通知**

## 确 认 通 知

_____（招标人名称）：

你方_____年_____月_____日发出的_____（项目名称）_____标段施工招标关于_____的通知，我方已于_____年_____月_____日收到。

特此确认。

投标人：_____（盖单位章）

_____年_____月_____日

## 附表七：备选投标方案编制要求

## 备选投标方案编制要求

**备注**：允许编制备选投标方案时，本附表应当作为本章"投标人须知"的附件，由招标人根据招标项目的具体情况和第三章"评标办法"中所附的评审和比较方法，对备选投标方案是否或在多大程度上可以偏离投标文件相关实质性要求、备选投标方案的组成内容、装订和递交要求等给予具体规定。

## 附表八：电子投标文件编制及报送要求

## 电子投标文件编制及报送要求

**备注：**采用计算机辅助评标，包括采用电子化招标投标的，本附表应当作为本章"投标人须知"的附件，由招标人根据各地和招标项目的具体情况给予规定。

第三章　评标办法（经评审的最低投标价法）

第三章　评标办法（综合评估法）

# 第三章　评标办法(经评审的最低投标价法)

## 评标办法前附表

| 条款号 | | 评审因素 | 评审标准 |
|---|---|---|---|
| 2.1.1 | 形式评审标准 | 投标人名称 | 与营业执照、资质证书、安全生产许可证一致 |
| | | 投标函签字盖章 | 有法定代表人或其委托代理人签字并加盖单位章 |
| | | 投标文件格式 | 符合第八章"投标文件格式"的要求 |
| | | 联合体投标人(如有) | 提交联合体协议书,并明确联合体牵头人 |
| | | 报价唯一 | 只能有一个有效报价 |
| | | …… | …… |
| 2.1.2 | 资格评审标准 | 营业执照 | 具备有效的营业执照 |
| | | 安全生产许可证 | 具备有效的安全生产许可证 |
| | | 资质等级 | 符合第二章"投标人须知"第1.4.1项规定 |
| | | 财务状况 | 符合第二章"投标人须知"第1.4.1项规定 |
| | | 类似项目业绩 | 符合第二章"投标人须知"第1.4.1项规定 |
| | | 信誉 | 符合第二章"投标人须知"第1.4.1项规定 |
| | | 项目经理 | 符合第二章"投标人须知"第1.4.1项规定 |
| | | 其他要求 | 符合第二章"投标人须知"第1.4.1项规定 |
| | | 联合体投标人(如有) | 符合第二章"投标人须知"第1.4.2项规定 |
| | | …… | …… |

| 条款号 | 评审因素 | | 评审标准 |
|---|---|---|---|
| 2.1.3 | 响应性评审标准 | 投标内容 | 符合第二章"投标人须知"第1.3.1项规定 |
| | | 工期 | 符合第二章"投标人须知"第1.3.2项规定 |
| | | 工程质量 | 符合第二章"投标人须知"第1.3.3项规定 |
| | | 投标有效期 | 符合第二章"投标人须知"第3.3.1项规定 |
| | | 投标保证金 | 符合第二章"投标人须知"第3.4.1项规定 |
| | | 权利义务 | 符合第四章"合同条款及格式"规定 |
| | | 已标价工程量清单 | 符合第五章"工程量清单"给出的子目编码、子目名称、子目特征、计量单位和工程量。 |
| | | 技术标准和要求 | 符合第七章"技术标准和要求"规定 |
| | | 投标价格 | □ 低于(含等于)拦标价，<br>拦标价＝标底价×(1+_____%)。<br>□ 低于(含等于)第二章"投标人须知"前附表第10.2款载明的招标控制价。 |
| | | 分包计划 | 符合第二章"投标人须知"第1.11款规定 |
| | | …… | …… |
| 2.1.4 | 施工组织设计和项目管理机构评审标准 | 施工方案与技术措施 | …… |
| | | 质量管理体系与措施 | …… |
| | | 安全管理体系与措施 | …… |
| | | 环境保护管理体系与措施 | …… |
| | | 工程进度计划与措施 | …… |
| | | 资源配备计划 | …… |
| | | 技术负责人 | …… |

| 条款号 | | 评审因素 | 评审标准 |
|---|---|---|---|
| 2.1.4 | 施工组织设计和项目管理机构评审标准 | 其他主要人员 | …… |
| | | 施工设备 | …… |
| | | 试验、检测仪器设备 | …… |
| | | …… | …… |

| 条款号 | | 评审因素 | 评审方法 |
|---|---|---|---|
| 2.2 | 详细评审标准 | 单价遗漏 | …… |
| | | 不平衡报价 | …… |
| | | …… | …… |

| 条款号 | | 编列内容 |
|---|---|---|
| 3 | 评标程序 | 详见本章附件 A：评标详细程序 |
| 3.1.2 | 废标条件 | 详见本章附件 B：废标条件 |
| 3.2.1 | 价格折算 | 详见本章附件 C：评标价计算方法 |
| 3.2.2 | 判断投标报价是否低于其成本 | 详见本章附件 D：投标人成本评审办法 |
| 补 1 | 备选投标方案的评审 | 详见本章附件 E：备选投标方案的评审和比较办法 |
| 补 2 | 计算机辅助评标 | 详见本章附件 F：计算机辅助评标方法 |

## 评标办法（经评审的最低投标价法）正文部分

评标办法（经评审的最低投标价法）正文部分直接引用中国计划出版社出版的中华人民共和国《标准施工招标文件》（2007 版）第一卷第三章"评标办法（经评审的最低投标价法）"正文部分（第 31 页至第 32 页）。

# 附件 A：评标详细程序

# 评 标 详 细 程 序

## A0. 总则

本附件是本章"评标办法"的组成部分，是对本章第 3 条所规定的评标程序的进一步细化，评标委员会应当按照本附件所规定的详细程序开展并完成评标工作。

## A1. 基本程序

评标活动将按以下五个步骤进行：

（1）评标准备；

（2）初步评审；

（3）详细评审；

（4）澄清、说明或补正；

（5）推荐中标候选人或者直接确定中标人及提交评标报告。

## A2. 评标准备

### A2.1 评标委员会成员签到

评标委员会成员到达评标现场时应在签到表上签到以证明其出席。评标委员会签到表见附表 A-1。

### A2.2 评标委员会的分工

评标委员会首先推选一名评标委员会主任。招标人也可以直接指定评标委员会主任。评标委员会主任负责评标活动的组织领导工作。评标委员会主任在与其他评标委员会成员协商的基础上，可以将评标委员会划分为技术组和商务组。

### A2.3 熟悉文件资料

**A2.3.1** 评标委员会主任应组织评标委员会成员认真研究招标文件，了解和熟悉招标目的、招标范围、主要合同条件、技术标准和要求、质量标准和工期要求等，掌握评标标准和方法，熟悉本章及附件中包括的评标表格的使用，如果本章及附件所附的表格不能满足评标所需时，评标委员会应补充编制评标所需的表格，尤其是用于详细分析计算的表格。未在招标文件中规定的标准和方法不得作为评标的依据。

**A2.3.2** 招标人或招标代理机构应向评标委员会提供评标所需的信息和数据，包括招标文件，未在开标会上当场拒绝的各投标文件，开标会记录，资格预审文件及各投标人在资格预审阶段递交的资格预审申请文件(适用于已进行资格预审的)，招标控制价或标底(如果有)，工程所在地工程造价管理部门颁布的工程造价信息、定额(如作为计价依据时)，有关的法律、法规、规章、国家标准以及招标人或评标委员会认为必要的其他信息和数据。

### A2.4 对投标文件进行基础性数据分析和整理工作(清标)

**A2.4.1** 在不改变投标人投标文件实质性内容的前提下，评标委员会应当对投标文件进行基础性数据分析和整理(本章中简称为"清标")，从而发现并提取其中可能存在的对招标范围理解的偏差，投标报价的算术性错误，错漏项，投标报价构成不合理、不平衡报价等存在明显异常的问题，并就这些问题整理形成清标成果。评标委员会对清标成果审议后，决定需要投标人进行书面澄清、说明或补正的问题，形成质疑问卷，向投标人发出问题澄清通知(包括质疑问卷)。

**A2.4.2** 在不影响评标委员会成员的法定权利的前提下，评标委员会可委托由招标人专门成立的清标工作小组完成清标工作。在这种情况下，清标工作可以在评标工作开始之前完成，也可以与评标工作平行进行。清标工作小组成员应为具备相应执业资格的专业人员，且应当符合有关法律法规对评标专家的回避规定和要求，不得与任何投标人有利益、上下级等关系，不得代行依法应当由评标委员会及其成员行使的权利。清标成果应当经过评标委员会的审核确认，经过评标委员会审核确认的清标成果视同是评标委员会的工作成果，并由评标委员会以书面方式追加对清标工作小组的授权，书面授权委托书必须由评标委员会全体成员签名。

**A2.4.3** 投标人接到评标委员会发出的问题澄清通知后，应按评标委员会的要求提供书面澄清资料并按要求进行密封，在规定的时间递交到指定地点。投标人递交的书面澄清资料由评标委员会开启。

## A3. 初步评审

### A3.1 形式评审

评标委员会根据评标办法前附表中规定的评审因素和评审标准，对投标人的投标文件进行形式评审，并使用附表 A-2 记录评审结果。

### A3.2 资格评审

**A3.2.1** 评标委员会根据评标办法前附表中规定的评审因素和评审标准，对投标人的投标文件进行资格评审，并使用附表 A-3 记录评审结果(适用于未进行资格预审的)。

**A3.2.1** 当投标人资格预审申请文件的内容发生重大变化时，评标委员会依据资格预审文件中规定的标准和方法，对照投标人在资格预审阶段递交的资格预审文件中的资料以及在投标文件中更新的资料，对其更新的资料进行评审(适用于已进行资格预审的)。其中：

(1)资格预审采用"合格制"的，投标文件中更新的资料应当符合资格预审文件中规定的审查标准，否则其投标作废标处理；

(2)资格预审采用"有限数量制"的，投标文件中更新的资料应当符合资格预审文件中规定的审查标准，其中以评分方式进行审查的，其更新的资料按照资格预审文件中规定的评分标准评分后，其得分应当保证即便在资格预审阶段仍然能够获得投标资格且没有对未通过资格预审的其他资格预审申请人构成不公平，否则其投标作废标处理。

### A3.3 响应性评审

**A3.3.1** 评标委员会根据评标办法前附表中规定的评审因素和评审标准，对投标人的投标文件进行响应性评审，并使用附表 A-4 记录评审结果。

**A3.3.2** 投标人投标价格不得超出(不含等于)按照本章前附表的规定计算的

"拦标价"，凡投标人的投标价格超出"拦标价"的，该投标人的投标文件不能通过响应性评审(适用于设立拦标价的情形)。

A3.3.2　投标人投标价格不得超出(不含等于)按照第二章"投标人须知"前附表第10.2款载明的招标控制价，凡投标人的投标价格超出招标控制价的，该投标人的投标文件不能通过响应性评审(适用于设立招标控制价的情形)。

### A3.4　施工组织设计和项目管理机构评审

评标委员会根据评标办法前附表中规定的评审因素和评审标准，对投标人的施工组织设计和项目管理机构进行评审，并使用附表A-5记录评审结果。

### A3.5　判断投标是否为废标

A3.5.1　判断投标人的投标是否为废标的全部条件(包括本章第3.1.2项中规定的条件)，在本章附件B中集中列示。

A3.5.2　本章附件B集中列示的废标条件不应与第二章"投标人须知"和本章正文部分包括的废标条件抵触，如果出现相互矛盾的情况，以第二章"投标人须知"和本章正文部分的规定为准。

A3.5.3　评标委员会在评标(包括初步评审和详细评审)过程中，依据本章附件B中规定的废标条件判断投标人的投标是否为废标。

### A3.6　算术错误修正

评标委员会依据本章中规定的相关原则对投标报价中存在的算术错误进行修正，并根据算术错误修正结果计算评标价。

### A3.7　澄清、说明或补正

在初步评审过程中，评标委员会应当就投标文件中不明确的内容要求投标人进行澄清、说明或者补正。投标人应当根据问题澄清通知要求，以书面形式予以澄清、说明或者补正。澄清、说明或补正根据本章第3.3款的规定进行。

## A4.　详细评审

只有通过了初步评审、被判定为合格的投标方可进入详细评审。

### A4.1 价格折算

评标委员会根据评标办法前附表，本章附件 C 中规定的程序、标准和方法，以及算术错误修正结果，对投标报价进行价格折算，计算出评标价，并使用附表 A-6 记录评标价折算结果。

### A4.2 判断投标报价是否低于成本

根据本章第 3.2.2 项的规定，评标委员会根据本章附件 D 中规定的程序、标准和方法，判断投标报价是否低于其成本。由评标委员会认定投标人以低于成本竞标的，其投标作废标处理。

### A4.3 澄清、说明或补正

在详细评审过程中，评标委员会应当就投标文件中不明确的内容要求投标人进行澄清、说明或者补正。投标人应当根据问题澄清通知要求，以书面形式予以澄清、说明或者补正。澄清、说明或补正根据本章第 3.3 款的规定进行。

## A5. 推荐中标候选人或者直接确定中标人

### A5.1 汇总评标结果

投标报价评审工作全部结束后，评标委员会应按照附表 A-7 的格式填写评标结果汇总表。

### A5.2 推荐中标候选人

**A5.2.1** 除第二章"投标人须知"前附表授权直接确定中标人外，评标委员会在推荐中标候选人时，应遵照以下原则：

（1）评标委员会对有效的投标按照评标价由低至高的次序排列，根据第二章"投标人须知"前附表第 7.1 款的规定推荐中标候选人。

（2）如果评标委员会根据本章的规定作废标处理后，有效投标不足三个，且少于第二章"投标人须知"前附表第 7.1 款规定的中标候选人数量的，则评标委员会可以将所有有效投标按评标价由低至高的次序作为中标候选人向招标人推荐。如果因有效投标不足三个使得投标明显缺乏竞争的，评标委员会可以建议招标人重新招标。

**A5.2.2** 投标截止时间前递交投标文件的投标人数量少于三个或者所有投标被否决的，招标人应当依法重新招标。

### A5.3 直接确定中标人

第二章"投标人须知"前附表授权评标委员会直接确定中标人的，评标委员会对有效的投标按照评标价由低至高的次序排列，并确定排名第一的投标人为中标人。

### A5.4 编制及提交评标报告

评标委员会根据本章第 3.4.2 项的规定向招标人提交评标报告。评标报告应当由全体评标委员会成员签字，并于评标结束时抄送有关行政监督部门。评标报告应当包括以下内容：

(1) 基本情况和数据表；

(2) 评标委员会成员名单；

(3) 开标记录；

(4) 符合要求的投标一览表；

(5) 废标情况说明；

(6) 评标标准、评标方法或者评标因素一览表；

(7) 经评审的价格一览表（包括评标委员会在评标过程中所形成的所有记载评标结果、结论的表格、说明、记录等文件）；

(8) 经评审的投标人排序；

(9) 推荐的中标候选人名单（如果第二章"投标人须知"前附表授权评标委员会直接确定中标人，则为"确定的中标人"）与签订合同前要处理的事宜；

(10) 澄清、说明或补正事项纪要。

## A6. 特殊情况的处置程序

### A6.1 关于评标活动暂停

**A6.1.1** 评标委员会应当执行连续评标的原则，按评标办法中规定的程序、内容、方法、标准完成全部评标工作。只有发生不可抗力导致评标工作无法继续时，评标活动方可暂停。

**A6.1.2** 发生评标暂停情况时，评标委员会应当封存全部投标文件和评标记录，待不可抗力的影响结束且具备继续评标的条件时，由原评标委员会继续评标。

### A6.2 关于评标中途更换评标委员会成员

**A6.2.1** 除非发生下列情况之一，评标委员会成员不得在评标中途更换：

（1）因不可抗拒的客观原因，不能到场或需在评标中途退出评标活动。

（2）根据法律法规规定，某个或某几个评标委员会成员需要回避。

**A6.2.2** 退出评标的评标委员会成员，其已完成的评标行为无效。由招标人根据本招标文件规定的评标委员会成员产生方式另行确定替代者进行评标。

### A6.3 记名投票

在任何评标环节中，需评标委员会就某项定性的评审结论作出表决的，由评标委员会全体成员按照少数服从多数的原则，以记名投票方式表决。

## A7. 补充条款

......

# 附件 B：废标条件

## 废 标 条 件

### B0. 总则

本附件所集中列示的废标条件，是本章"评标办法"的组成部分，是对第二章"投标人须知"和本章正文部分所规定的废标条件的总结和补充，如果出现相互矛盾的情况，以第二章"投标人须知"和本章正文部分的规定为准。

### B1. 废标条件

投标人或其投标文件有下列情形之一的，其投标作废标处理：

**B1.1** 有第二章"投标人须知"第1.4.3项规定的任何一种情形的。

**B1.2** 有串通投标或弄虚作假或有其他违法行为的。

**B1.3** 不按评标委员会要求澄清、说明或补正的。

**B1.4** 在形式评审、资格评审(适用于未进行资格预审的)、响应性评审中，评标委员会认定投标人的投标文件不符合评标办法前附表中规定的任何一项评审标准的。

**B1.5** 当投标人资格预审申请文件的内容发生重大变化时，其在投标文件中更新的资料，未能通过资格评审的(适用于已进行资格预审的)。

**B1.6** 投标报价文件(投标函除外)未经有资格的工程造价专业人员签字并加盖执业专用章的；

**B1.7** 在施工组织设计和项目管理机构评审中，评标委员会认定投标人的投标未能通过此项评审的。

**B1.8** 评标委员会认定投标人以低于成本报价竞标的。

**B1.9** 投标人未按第二章"投标人须知"第10.6款规定出席开标会的。

**B1.10** ……

……

**备注**：如果工程所在地管理规定要求评标委员会对判定为废标的投标文件说明废标情况的，应增加"废标情况说明表"格式，废标情况说明应当对照招标文件规定的废标条件以及投标文件存在的具体问题。

# 附件 C：评标价计算方法

## 评 标 价 计 算 方 法

### C0. 总则

本附件是本章"评标办法"的组成部分，评标委员会按照本章第 3.2.1 项的规定对投标人投标报价进行折算以计算评标价时，适用本附件所规定的方法。

### C1. ……

……

备注：本附件的其他具体内容由招标人根据国家有关法律法规和工程所在地适用的有关规定，结合招标项目的实际情况和拟采用的折算方法自行编写。

## 附件 D：投标人成本评审办法

## 投标人成本评审办法

### D0. 总则

本附件是本章"评标办法"的组成部分，评标委员会按照本章第 3.2.2(采用综合评估法的为第 3.2.4)项的规定，对投标人投标报价是否低于其成本进行评审和判断时，适用本附件所规定的办法。

### D1. 评审程序

#### D1.1 启动成本评审工作的前提条件

在满足下列两项条件的前提下，评标委员会应当启动并进行本办法所规定的评审，以判别投标人的投标报价是否低于其成本：

**D1.1.1** 投标人的投标文件已经通过本章"评标办法"规定的"初步评审"，不存在应当废标的情形；

**D1.1.2** 投标人的投标报价低于(不含)以下限度的：

_____。

(**说明**：(1)设有标底或者招标控制价时以标底或者招标控制价为基准设立下浮限度。(2)既不设招标控制价又不设标底的，可以有效投标报价的算术平均值为基准设立下浮限度。具体限度视工程所在地和招标项目具体情况在本附件中规定，但此处的下限仅作为启动成本评审工作的警戒线，不得直接认定废标。)

#### D1.2 对投标价格的合理性进行评审

评标委员会结合清标成果，对各个投标价格和影响投标价格合理性的以下因素逐一进行分析，并修正其中任何可能存在的错误和不合理内容：

(1)算术性错误分析和修正；

(2) 错漏项分析和修正；

(3) 分部分项工程量清单部分价格合理性分析和修正；

(4) 措施项目清单和其他项目清单部分价格合理性分析和修正；

(5) 企业管理费合理性分析和修正；

(6) 利润水平合理性分析和修正；

(7) 法定税金和规费的完整性分析和修正；

(8) 不平衡报价分析和修正。

### D1.3 澄清、说明或补正

评标委员会汇总对投标报价的疑问，启动"澄清、说明或补正"程序，发出问题澄清通知并附上质疑问卷，要求投标人进行澄清和说明并提交有关证明材料。

### D1.4 判断投标报价是否低于其成本

评标委员会根据投标人澄清和说明的结果，计算出对投标人投标报价进行合理化修正后所产生的最终差额，判断投标人的投标报价是否低于其成本。

## D2. 评审的依据

评标委员会判断投标人的投标报价是否低于其成本，所参考的评审依据包括：

(1) 招标文件；

(2) 标底或招标控制价（如果有）；

(3) 施工组织设计；

(4) 投标人已标价的工程量清单；

(5) 工程所在地工程造价管理部门颁布的工程造价信息（如果有）；

(6) 工程所在地市场价格水平；

(7) 工程所在地工程造价管理部门颁布的定额或投标人企业定额；

(8) 经审计的企业近三年财务报表；

(9) 投标人所附其他证明资料；

(10) 法律法规允许的和招标文件规定的参考依据等。

## D3. 算术性错误分析和修正

评标委员会对已标价工程量清单进行逐项分析，根据本章第 3.1.3 项规定的原则，对投标报价中的算术性错误进行修正，按附表 D-1 的格式记录分析和修正的结果。

汇总修正结果，将经修正后产生的价格差额记为 $A$ 值（此值应为代数值，修正结果表明理论上应当增加投标人的投标报价（投标总价）的修正差额记为正值，反之记为负值，下同），同时整理需要投标人澄清和说明的事项。

## D4. 错漏项分析和修正

### D4.1 错漏项分析和修正的原则

评标委员会分析投标人已标价工程量清单，列出其中错报或漏报的子目，并按以下原则进行修正：

如果评标委员会认为投标人递交的投标文件中有相同的并且投标人已经给出合适报价的子目，则按该相同子目的价格对错漏项报价进行修正。

如果评标委员会认为投标人递交的投标文件中有相似的并且投标人已经给出合适报价的子目，则按该相似子目的报价为基础，考虑该相似子目与错漏项之间的差异而进行适当调整后的价格对错漏项报价进行修正。

如果做不到以上两点，则按标底（如果有）中的相应价格为基础对错漏项报价进行修正。

如果没有标底或者标底中也没有相同或相似价格作为参考，评标委员会可以要求投标人在澄清和说明时给出相应的修正价格。此时评标委员会应对此类价格的合理性进行分析，评标委员会可以在分析的基础上要求投标人进一步澄清和说明，评标委员会也可以按不利于该投标人的原则，以其他有效投标报价中该项最高报价作为修正价格。

对超出招标范围报价的子目，则直接删除该子目的价格。

### D4.2 错漏项分析和修正的方法

错漏项分析和修正的方法如下：

根据上述原则，修正错报和补充漏报子目的价格；

填写附表 D-2，计算经修正或补充后产生的价格差额。汇总上述结果，将经修正后产生的价格差额记为 B 值，并明确需要投标人澄清和说明的事项。

## D5. 分部分项工程量清单部分价格合理性分析和修正

### D5.1 分部分项工程量清单部分价格分析和修正的原则

分部分项工程量清单部分价格分析和修正的原则如下：

如果评标委员会认为投标人递交的投标文件中有相同的并且投标人已经给出合适报价的子目，则按该相同子目的价格对评标委员会认为不合理报价子目的报价进行修正。

如果评标委员会认为投标人递交的投标文件中有相似的并且投标人已经给出合适报价的子目，则按该相似子目的报价为基础，考虑该相似子目与不合理子目之间的差异而进行适当调整后的价格对评标委员会认为不合理报价子目的报价进行修正。

如果做不到以上两点，则按标底(如果有)中的相应价格为基础对评标委员会认为不合理报价子目的报价进行修正。

如果没有标底或者标底中也没有相同或相似价格作为参考，评标委员会可以要求投标人在澄清和说明时给出相应的修正价格。此时评标委员会应对此类价格的合理性进行分析，并在分析的基础上要求投标人进一步澄清和说明(如果评标委员会认为需要)。

### D5.2 分部分项工程量清单部分价格分析和修正的方法

分部分项工程量清单部分价格分析和修正的方法如下：

按附表 D-3 的格式对与市场价格水平存在明显差异的子目进行逐项分析、修正；

计算修正后的差额，汇总分析结果，将经修正后产生的价格差额记为 C 值，同时整理需要投标人澄清和说明的事项。

## D6. 措施项目清单和其他项目清单部分价格合理性分析和修正

### D6.1 措施项目清单和其他项目清单部分分析和修正的原则

措施项目清单和其他项目清单部分分析和修正的原则如下：

措施项目清单报价中的资源投入数量不正确或不合理的，按照投标人递交的施工组织设计中明确的或者可以通过施工组织设计中给出的相关数据计算出来的计划投入的资源数量（如临时设施、拟派现场管理人员流量计划、施工机械设备投入计划等）修正措施项目清单报价中不合理的资源投入数量。

措施项目清单报价中的资源和生产要素价格不合理的，如果评标委员会认为投标人递交的投标文件中有相似的并且投标人已经给出合适报价的子目，则按该相似子目的报价为基础，考虑该相似子目与不合理报价子目之间的差异而进行适当调整后的价格对不合理报价子目的资源或生产要素的价格进行修正。

其他情况下，按标底（如果有）中的相应价格为基础对措施项目和其他项目清单中的不合理报价进行修正。

如果没有标底或者标底中也没有相同或相似价格作为参考，评标委员会可以要求投标人在澄清和说明时给出相应的修正价格。此时评标委员会应对此类价格的合理性进行分析，并在分析的基础上要求投标人进一步澄清和说明（如果评标委员会认为需要）。

对于按照招标文件不应当报价的子目，则直接删除该子目的价格。

### D6.2 措施项目清单和其他项目清单部分分析和修正

措施项目清单和其他项目清单部分分析和修正的方法如下：

按附表 D-4 格式对措施项目清单和其他项目清单进行逐项分析、修正；

计算修正后的差额，汇总分析结果，将经修正后产生的价格差额记为 D 值，同时整理需要投标人澄清和说明的事项。

## D7. 企业管理费合理性分析和修正

### D7.1 企业管理费分析和修正的原则

企业管理费分析和修正的原则如下：

按投标人经审计的企业近三年财务报表中的相关数据计算出投标人企业实际的管理费率（近三年企业管理费总额的平均值与近三年完成产值的平均值之间的比例），并以此对投标价格中明显不合理的企业管理费率进行修正。

企业管理费率明显不合理并且做不到前项时，按其他通过初步评审的各家投标人的企业管理费率以及标底(如果有)中的企业管理费率的平均费率为准进行修正。

分部分项工程量清单和措施项目清单综合单价分析表中的企业管理费率与费率报价表(如果有)报出的企业管理费率不一致的,以费率报价表(如果有)报出的企业管理费率为准进行修正(但如果费率报价表中的费率明显不合理时,应执行根据上述原则修正后的管理费率)。

### D7.2  企业管理费分析和修正的方法

企业管理费分析和修正的方法如下:

按附表 D-5 的格式进行分析和修正;

汇总分析结果,将经修正后产生的价格差额记为 $E$ 值,同时整理需要投标人澄清和说明的事项。

## D8. 利润水平合理性分析和修正

### D8.1  利润水平分析和修正的原则

利润水平分析和修正的原则如下:

按国有资产管理部门对投标人下达的国有资产增值保值率或投标人公司董事会或股东会要求的企业净资产收益率或股本收益率对投标价格中明显不合理的利润率进行修正。

利润率明显不合理并且做不到前项时,按其他通过初步评审的各家投标人的利润率以及标底(如果有)中的利润率的平均费率为准进行修正。

分部分项工程量清单和措施项目清单综合单价分析表中的利润率与费率报价表(如果有)报出的利润率不一致的,以费率报价表(如果有)报出的利润率为准进行修正(但如果费率报价表中的费率明显不合理时,应执行根据上述原则修正后的利润率)。

### D8.2  利润水平分析和修正的方法

利润水平分析和修正的方法如下:

按附表 D-5 的格式进行分析和修正;

汇总分析结果,将经修正后产生的价格差额记为 $F$ 值,同时整理需要投标人澄清和说明的事项。

## D9. 法定税金和规费的完整性分析和修正

根据投标价格分析出其中法定税金和规费的百分比，对照现行有关法律、法规规定的额度或比率，对投标报价进行分析和修正。

按附表 D-5 的格式进行分析和修正；将经修正后产生的价格差额记为 $G$ 值，整理需要投标人澄清和说明的事项。

## D10. 不平衡报价分析和修正

评审各项单价的合理性以及是否存在不平衡报价的情况，对明显过高或过低的价格进行分析。

按附表 D-6 汇总分析结果，修正明显过高的价格产生的差额，首先用于填补修正过低的价格产生的差额，两者的余额记为 $H$ 值，整理需要投标人澄清和说明的事项。

## D11. 对投标报价的澄清和说明

评标委员会对上述 D3 至 D10 条的评审结果进行汇总和整理。以其各自的代数值汇总 $A$ 值至 $H$ 值，得出合计差额 $\Delta1$（附表 D-7），并整理出需要投标人澄清和说明的全部事项。如果投标人存在需要补正的问题，评标委员会可以同时要求投标人进行补正。

评标委员会应当根据本章第 3.3 款的规定，对需要投标人澄清、说明和提供进一步证明的事项向投标人发出书面问题澄清通知，并附上质疑问卷。问题澄清通知和质疑问卷应当包括：质疑问题、有关澄清要求、需要书面回复的内容、回复时间（应给投标人留出足够的回复时间）、递交方式等。投标人的澄清、说明、补正和提供进一步证明应当采取书面形式。

如果评标委员会对投标人提交的质疑问题的澄清和说明依然存在疑问，评标委员会可以进一步要求澄清、说明或补正，投标人应相应地进一步澄清、说明和提交相关证明材料，直至评标委员会认为全部疑问都得到澄清和说明。

根据澄清和说明结果，对于投标人已经有效澄清和说明的问题和子目应从上述 A 值至 H 值的计算中剔除或修正，按附表 D-7 格式修正 A 值至 H 值并计算最终差额 $\Delta 2$。本款中所谓的"有效澄清"是指投标人作出的澄清和说明已经合理地解释或说明了评标委员会提出的问题并且澄清结果令评标委员会信服。

## D12. 判断投标报价是否低于成本

评标委员会应按照附表 D-8 的格式填写评审结论记录表，以最终差额 $\Delta 2$ 与投标人投标价格中标明的利润额（如标明的是利润率，以利润率乘以其计取基数，下同）进行比较并得出如下结论：

如果最终差额 $\Delta 2$（代数值）小于或等于投标人的利润额，则表明该投标人的投标报价不低于成本。

如果最终差额 $\Delta 2$ 是正值且大于（不含等于）投标人报价中的利润额，则评标委员会将根据本章第 3.2.2（综合评估法为 3.2.4）项的规定认定该投标人以低于其成本报价竞标，其投标作废标处理。

**备注：** 各地可根据本地区实际情况，不断丰富完善投标人成本评审办法。

# 附件 E：备选投标方案的评审和比较办法

## 备选投标方案的评审和比较办法

### E0. 总则

本附件是本章"评标办法"的组成部分。当第二章"投标人须知"第 3.6 款中规定允许投标人递交备选投标方案时，评标委员会应当按照本附件所规定的办法对排名第一的中标候选人或者根据招标人授权直接确定的中标人所递交的备选投标方案进行评审和比较。

### E1. 备选投标方案的评审规定

#### E1.1 必须投递了正选投标方案

按照第二章"投标人须知"第 3.6 款中规定投递备选投标方案的投标人，必须按照招标文件中规定的要求和条件编制并投递了正选投标方案，否则其投标作废标处理。

#### E1.2 只对中标人或中标候选人的备选投标方案进行评审

只有中标人或中标候选人的备选投标方案才会被评标委员会评审。

### E2. 备选投标方案的评审程序、方法和标准

#### E2.1 适用的评审程序、方法和标准

评标委员会应当根据备选投标方案的内容，找出本章（包括本章附件）中适用的程序、方法、标准对备选投标方案进行综合定性评审。如果没有适用的程序、方法、标准，则由评标委员会成员分别独立对备选投标方案进行综合定性评审。评审

结论通过表决方式做出。只有超过半数的评标委员会成员所做出的结论，方可以作为评标委员会的结论。

### E2.2　基本的评审程序和方法

对备选投标方案的评审，按以下程序和方法进行：

（1）找出备选投标方案改变了招标文件中规定的哪些要求或条件，判断这种改变是否可能被招标人所接受。如果评标委员会认为备选投标方案所改变的招标要求和条件是不能被招标人所接受的，则应当宣布备选投标方案不被接受。

（2）判断备选投标方案的可行性，不可行的备选投标方案应当被宣布为不被接受。

（3）对比中标人或中标候选人的正选投标方案和备选投标方案，找出两者之间的偏差，并对偏差对招标人的有利和不利程度作出评估。只有备选投标方案与正选投标方案的偏差对招标人的有利程度明显大于不利程度时，备选投标方案方可以被接受。

## E3. 备选投标方案的评审结果

### E3.1　备选投标方案的评审报告

评标委员会应当出具备选投标方案评审报告，备选投标方案评审报告中应当包括：

（1）备选投标方案与正选投标方案的主要偏差；

（2）备选投标方案的科学性与合理性分析；

（3）备选投标方案对招标人的有利性分析；

（4）备选投标方案是否可以被采纳。

### E3.2　评审结论

通过评审，评标委员会只作出备选投标方案是否可以被采纳的决定，但不作出中标人应当按正选投标方案或备选投标方案中标的决定。中标人是否按备选投标方案中标的决定，由招标人依据评标委员会的评审报告作出。

## E4. 补充条款

# 附件 F：计算机辅助评标方法

## 计算机辅助评标方法

**备注：** 本附件的具体内容由招标人根据各地和招标项目的具体情况自行编写。

## 附表 A-1：评标委员会签到表

## 评标委员会签到表

工程名称： _____（项目名称）_____ 标段

评标时间： 年 月 日

| 序号 | 姓名 | 职称 | 工作单位 | 专家证号码 | 签到时间 |
|------|------|------|---------|-----------|---------|
| 1 |  |  |  |  |  |
| 2 |  |  |  |  |  |
| 3 |  |  |  |  |  |
| 4 |  |  |  |  |  |
| 5 |  |  |  |  |  |
| 6 |  |  |  |  |  |
| 7 |  |  |  |  |  |

# 附表 A-2：形式评审记录表

## 形式评审记录表

工程名称：＿＿＿＿＿＿＿＿（项目名称）＿＿＿＿＿标段

| 序号 | 评审因素 | 投标人名称及评审意见 | | | | | | | |
|---|---|---|---|---|---|---|---|---|---|
| 1 | 投标人名称 | | | | | | | | |
| 2 | 投标函签字盖章 | | | | | | | | |
| 3 | 投标文件格式 | | | | | | | | |
| 4 | 联合体投标人 | | | | | | | | |
| 5 | 报价唯一 | | | | | | | | |
| 6 | …… | | | | | | | | |
| | 是否通过评审 | | | | | | | | |

评标委员会全体成员签名：

日期：　　　年　　月　　日

57

**附表 A-3：资格评审记录表（适用于未进行资格预审的）**

## 资格评审记录表（适用于未进行资格预审的）

工程名称：＿＿＿＿＿＿（项目名称）＿＿＿标段

| 序号 | 评审因素 | 投标人名称及评审意见 | | | | | | |
|------|----------|------|------|------|------|------|------|------|
| 1 | 营业执照 | | | | | | | |
| 2 | 安全生产许可证 | | | | | | | |
| 3 | 资质等级 | | | | | | | |
| 4 | 财务状况 | | | | | | | |
| 5 | 类似项目业绩 | | | | | | | |
| 6 | 信誉 | | | | | | | |
| 7 | 项目经理 | | | | | | | |
| 8 | 其他要求 | | | | | | | |
| 9 | 联合体投标人 | | | | | | | |
| 10 | …… | | | | | | | |
| | 是否通过评审 | | | | | | | |

评标委员会全体成员签名：

日期：　　　年　　月　　日

# 附表 A-4：响应性评审记录表

## 响应性评审记录表

工程名称：＿＿＿＿＿＿＿（项目名称）＿＿＿＿标段

| 序号 | 评审因素 | 投标人名称及评审意见 | | | | | | | |
|------|----------|------|---|---|---|---|---|---|---|
| 1 | 投标内容 | | | | | | | | |
| 2 | 工期 | | | | | | | | |
| 3 | 工程质量 | | | | | | | | |
| 4 | 投标有效期 | | | | | | | | |
| 5 | 投标保证金 | | | | | | | | |
| 6 | 权利义务 | | | | | | | | |
| 7 | 已标价工程量清单 | | | | | | | | |
| 8 | 技术标准和要求 | | | | | | | | |
| 9 | …… | | | | | | | | |
| | 是否通过评审 | | | | | | | | |

评标委员会全体成员签名：

日期：　　年　　月　　日

# 附表 A-5：施工组织设计和项目管理机构评审记录表

## 施工组织设计和项目管理机构评审记录表

工程名称：_____

（项目名称）_____标段

| 序号 | 评审因素 | 投标人名称及评审意见 | | | | | | | |
|------|----------|---|---|---|---|---|---|---|---|
| 1 | 施工方案与技术措施 | | | | | | | | |
| 2 | 质量管理体系与措施 | | | | | | | | |
| 3 | 安全管理体系与措施 | | | | | | | | |
| 4 | 环境保护管理体系与措施 | | | | | | | | |
| 5 | 工程进度计划与措施 | | | | | | | | |
| 6 | 资源配备计划 | | | | | | | | |
| 7 | 技术负责人 | | | | | | | | |
| 8 | 其他主要人员 | | | | | | | | |
| 9 | 施工设备 | | | | | | | | |
| 10 | 试验、检测仪器设备 | | | | | | | | |
| 11 | ...... | | | | | | | | |
| | 评审结果汇总 | | | | | | | | |
| | 是否通过评审 | | | | | | | | |

评标委员会成员签名：

日期：　　年　　月　　日

# 附表 A-6: 评标价折算评审记录表

## 评标价折算评审记录表

工程名称: _____（项目名称）_____ 标段

| 序号 | 量化因素 | 投标人名称及折算价格 | | | | | | |
|---|---|---|---|---|---|---|---|---|
| 1 | 投标报价错漏项 | | | | | | | |
| 2 | 不平衡报价 | | | | | | | |
| 3 | ...... | | | | | | | |
| | 投标报价 | | | | | | | |
| | ...... | | | | | | | |
| 评标价（投标报价＋Σ量化因素折算价格） | | | | | | | | |

评标委员会全体成员签名：

日期: 年 月 日

## 附表 A-7：评标结果汇总表

工程名称：_____（项目名称）____标段

## 评标结果汇总表

| 序号 | 投标人名称 | 初步评审 | | 详细评审 | | | | 备注 |
| | | 合格 | 不合格 | 投标报价 | 是否低于成本 | 评标价 | 排序（评标价由低至高） | |
|---|---|---|---|---|---|---|---|---|
| 1 | | | | | | | | |
| 2 | | | | | | | | |
| 3 | | | | | | | | |
| 4 | | | | | | | | |
| 5 | | | | | | | | |
| 6 | | | | | | | | |
| 7 | | | | | | | | |
| 最终推荐的中标候选人及其排序 | 第一名：<br>第二名：<br>第三名： | | | | | | | |

评标委员会全体成员签名：

日期：

62

## 附表 D-1：算术错误分析及修正记录表

## 算术错误分析及修正记录表

投标人名称：

| 序号 | 子目名称 | 投标价格 | 算术正确投标价 | 差额（代数值） | 有关事项备注 |
|------|----------|----------|----------------|----------------|--------------|
|      |          |          |                |                |              |
|      |          |          |                |                |              |
|      |          |          |                |                |              |
|      |          |          |                |                |              |
|      |          |          |                |                |              |
|      |          |          |                |                |              |
|      |          |          |                |                |              |
|      |          |          |                |                |              |
|      |          |          |                |                |              |
|      |          |          |                |                |              |
|      |          |          |                |                |              |
|      |          |          |                |                |              |
|      |          |          |                |                |              |
|      |          |          |                |                |              |
|      |          |          |                |                |              |
|      |          |          |                |                |              |
|      |          |          |                |                |              |
| A 值（代数值） | | | | | |

评标委员会成员签名：　　　　　　　　　　　　日期：　　年　　月　　日

## 附表 D-2：错项漏项分析及修正记录表

## 错项漏项分析及修正记录表

投标人名称：

| 编号 | 子目名称 | 投标价格 | 合理投标价 | 差额<br>（代数值） | 有关事项备注 |
|---|---|---|---|---|---|
|  |  |  |  |  |  |
|  |  |  |  |  |  |
|  |  |  |  |  |  |
|  |  |  |  |  |  |
|  |  |  |  |  |  |
|  |  |  |  |  |  |
|  |  |  |  |  |  |
|  |  |  |  |  |  |
|  |  |  |  |  |  |
|  |  |  |  |  |  |
|  |  |  |  |  |  |
|  |  |  |  |  |  |
|  |  |  |  |  |  |
|  |  |  |  |  |  |
| $B$ 值(代数值) |  |  |  |  |  |

评标委员会成员签名：　　　　　　　　　　　日期：　　年　　月　　日

## 附表 D-3：分部分项工程量清单子目单价分析及修正记录表

分部分项工程量清单子目单价分析及修正记录表

投标人名称：

| 编号 | 子目名称 | 明显不合理的价格 | 修正后的价格 | 差额 | 证明情况及修正理由 | 有关疑问事项备注 |
|---|---|---|---|---|---|---|
|  |  |  |  |  |  |  |
|  |  |  |  |  |  |  |
|  |  |  |  |  |  |  |
|  |  |  |  |  |  |  |
|  |  |  |  |  |  |  |
|  |  |  |  |  |  |  |
|  |  |  |  |  |  |  |
|  |  |  |  |  |  |  |
|  |  |  |  |  |  |  |
|  |  |  |  |  |  |  |
|  |  |  |  |  |  |  |
|  |  |  |  |  |  |  |
|  |  |  |  |  |  |  |
|  |  |  |  |  |  |  |
|  |  |  |  |  |  |  |
| C 值(代数值) |  |  |  |  |  |  |

评标委员会成员签名：　　　　　　　　　　　　日期：　　年　　月　　日

## 附表 D-4：措施项目和其他项目工程量清单价格分析及修正记录表

## 措施项目和其他项目工程量清单价格分析及修正记录表

投标人名称：

| 编号 | 子目名称 | 明显不合理的价格 | 修正后的价格 | 差额 | 证明情况及修正理由 | 有关疑问事项备注 |
|------|----------|------------------|--------------|------|--------------------|------------------|
|      |          |                  |              |      |                    |                  |
|      |          |                  |              |      |                    |                  |
|      |          |                  |              |      |                    |                  |
|      |          |                  |              |      |                    |                  |
|      |          |                  |              |      |                    |                  |
|      |          |                  |              |      |                    |                  |
|      |          |                  |              |      |                    |                  |
|      |          |                  |              |      |                    |                  |
|      |          |                  |              |      |                    |                  |
|      |          |                  |              |      |                    |                  |
|      |          |                  |              |      |                    |                  |
|      |          |                  |              |      |                    |                  |
|      |          |                  |              |      |                    |                  |
|      |          |                  |              |      |                    |                  |
| $D$ 值(代数值) |  |         |              |      |                    |                  |

评标委员会成员签名：　　　　　　　　　　　日期：　　年　　月　　日

## 附表 D-5：企业管理费、利润及税金和规费完整性分析及修正记录表

## 企业管理费、利润及税金和规费完整性分析及修正记录表

投标人名称：

| 项目 | 企业管理费 | | 利润 | | 税金和规费 | |
|---|---|---|---|---|---|---|
| | 投标价格 | 实际 | 投标价格 | 实际 | 投标价格 | 实际 |
| 比较栏 | | | | | | |
| 差额 | $E$ 值 | | $F$ 值 | | $G$ 值 | |
| 分析计算 | | | | | | |
| 有关疑问事项备注 | | | | | | |

评标委员会成员签名：　　　　　　　　　　　　　日期：　　年　　月　　日

## 附表 D-6：不平衡报价分析及修正记录表

## 不平衡报价分析及修正记录表

投标人名称：

| 编号 | 子目名称 | 存在不平衡的单价 | 修正后的平衡单价 | 单价差值（代数值） | 工程量 | 差额 | 有关疑问事项备注 |
|------|----------|------------------|------------------|--------------------|--------|------|------------------|
|      |          |                  |                  |                    |        |      |                  |
|      |          |                  |                  |                    |        |      |                  |
|      |          |                  |                  |                    |        |      |                  |
|      |          |                  |                  |                    |        |      |                  |
|      |          |                  |                  |                    |        |      |                  |
|      |          |                  |                  |                    |        |      |                  |
|      |          |                  |                  |                    |        |      |                  |
|      |          |                  |                  |                    |        |      |                  |
|      |          |                  |                  |                    |        |      |                  |
|      |          |                  |                  |                    |        |      |                  |
|      |          |                  |                  |                    |        |      |                  |
|      |          |                  |                  |                    |        |      |                  |
|      |          |                  |                  |                    |        |      |                  |
|      |          |                  |                  |                    |        |      |                  |
| $H$ 值（代数值） | | | | | | | |

评标委员会成员签名：　　　　　　　　　　　日期：　　年　　月　　日

## 附表 D-7：投标报价之修正差额汇总表

## 投标报价之修正差额汇总表

投标人名称：

| 序号 | 差值代号 | 差额代数值 | | 修正理由及有关事项说明 |
|---|---|---|---|---|
| | | 评审后 | 澄清后修正 | |
| 1 | A | | | |
| 2 | B | | | |
| 3 | C | | | |
| 4 | D | | | |
| 5 | E | | | |
| 6 | F | | | |
| 7 | G | | | |
| 8 | H | | | |
| 合计 | | Δ1： | Δ2： | |
| 备注 | 本表修正的计算应附详细分析计算表 | | | |

评标委员会成员签名：                     日期：    年    月    日

## 附表 D-8：成本评审结论记录表

# 成本评审结论记录表

投标人名称：

| 序号 | 项目名称 | 金额(元) | 比较结果 | 备注 |
|---|---|---|---|---|
| 1 | 澄清后最终差额 △2 | | | |
| 2 | 投标利润额 | | | |
| 比较后需投标人澄清和说明的主要事项概要： | | | | |
| 投标人澄清、说明、补正和提供进一步证明的情况说明： | | | | |
| 评审结论 | □低于成本　　□不低于成本 | | | |
| 评审意见概要 | | | | |
| 评标委员会全体成员签名 | 年　月　日 | | | |

# 第三章 评标办法(综合评估法)

## 评标办法前附表

| 条款号 | 评审因素 | 评审标准 |
|---|---|---|
| 2.1.1 形式评审标准 | 投标人名称 | 与营业执照、资质证书、安全生产许可证一致 |
| | 投标函签字盖章 | 有法定代表人或其委托代理人签字并加盖单位章 |
| | 投标文件格式 | 符合第八章"投标文件格式"的要求 |
| | 联合体投标人(如有) | 提交联合体协议书,并明确联合体牵头人 |
| | 报价唯一 | 只能有一个有效报价 |
| | …… | …… |
| 2.1.2 资格评审标准 | 营业执照 | 具备有效的营业执照 |
| | 安全生产许可证 | 具备有效的安全生产许可证 |
| | 资质等级 | 符合第二章"投标人须知"第1.4.1项规定 |
| | 财务状况 | 符合第二章"投标人须知"第1.4.1项规定 |
| | 类似项目业绩 | 符合第二章"投标人须知"第1.4.1项规定 |
| | 信誉 | 符合第二章"投标人须知"第1.4.1项规定 |
| | 项目经理 | 符合第二章"投标人须知"第1.4.1项规定 |
| | 其他要求 | 符合第二章"投标人须知"第1.4.1项规定 |
| | 联合体投标人(如有) | 符合第二章"投标人须知"第1.4.2项规定 |
| | …… | …… |

| 条款号 | 评审因素 | | 评审标准 |
|---|---|---|---|
| 2.1.3 | 响应性评审标准 | 投标内容 | 符合第二章"投标人须知"第1.3.1项规定 |
| | | 工期 | 符合第二章"投标人须知"第1.3.2项规定 |
| | | 工程质量 | 符合第二章"投标人须知"第1.3.3项规定 |
| | | 投标有效期 | 符合第二章"投标人须知"第3.3.1项规定 |
| | | 投标保证金 | 符合第二章"投标人须知"第3.4.1项规定 |
| | | 权利义务 | 投标函附录中的相关承诺符合或优于第四章"合同条款及格式"的相关规定 |
| | | 已标价工程量清单 | 符合第五章"工程量清单"给出的子目编码、子目名称、子目特征、计量单位和工程量 |
| | | 技术标准和要求 | 符合第七章"技术标准和要求"规定 |
| | | 投标价格 | □ 低于(含等于)拦标价,<br>拦标价=标底价×(1+_____%)。<br>□ 低于(含等于)第二章"投标人须知"前附表第10.2款载明的招标控制价 |
| | | 分包计划 | 符合第二章"投标人须知"第1.11款规定 |
| | | ······ | |

| 条款号 | 条款内容 | 编列内容 |
|---|---|---|
| 2.2.1 | 分值构成<br>(总分100分) | 施工组织设计:_____分<br>项目管理机构:_____分<br>投标报价:_____分<br>其他评分因素:_____分 |
| 2.2.2 | 评标基准价计算方法 | |
| 2.2.3 | 投标报价的偏差率计算公式 | 偏差率=100%×(投标人报价−评标基准价)/评标基准价 |

| 条款号 | 评分因素 | 评分标准 |
|---|---|---|
| 2.2.4 (1) | 施工组织设计评分标准 | 内容完整性和编制水平 …… |
| | | 施工方案与技术措施 …… |
| | | 质量管理体系与措施 …… |
| | | 安全管理体系与措施 …… |
| | | 环保管理体系与措施 …… |
| | | 工程进度计划与措施 …… |
| | | 资源配备计划 …… |
| | | …… …… |
| 2.2.4 (2) | 项目管理机构评分标准 | 项目经理资格与业绩 …… |
| | | 技术负责人资格与业绩 …… |
| | | 其他主要人员 …… |
| | | …… …… |
| 2.2.4 (3) | 投标报价评分标准 | 偏差率 …… |
| | | …… …… |
| 2.2.4 (4) | 其他因素评分标准 | …… …… |

| 条款号 | | 编列内容 |
|---|---|---|
| 3 | 评标程序 | 详见本章附件A：评标详细程序 |
| 3.1.2 | 废标条件 | 详见本章附件B：废标条件 |
| 3.2.2 | 判断投标报价是否低于其成本 | 详见本章附件C：投标人成本评审办法 |
| 补1 | 备选投标方案的评审 | 详见本章附件D：备选投标方案的评审和比较办法 |
| 补2 | 计算机辅助评标 | 详见本章附件E：计算机辅助评标方法 |

## 评标办法(综合评估法)正文部分

　　评标办法(综合评估法)正文部分直接引用中国计划出版社出版的中华人民共和国《标准施工招标文件》(2007 版)第一卷第三章"评标办法(综合评估法)"正文部分(第 35 页至第 37 页)。

# 附件 A：评标详细程序

## 评 标 详 细 程 序

### A0. 总则

本附件是本章"评标办法"的组成部分，是对本章第 3 条所规定的评标程序的进一步细化，评标委员会应当按照本附件所规定的详细程序开展并完成评标工作。

### A1. 基本程序

评标活动将按以下五个步骤进行：

（1）评标准备；

（2）初步评审；

（3）详细评审；

（4）澄清、说明或补正；

（5）推荐中标候选人或者直接确定中标人及提交评标报告。

### A2. 评标准备

#### A2.1　评标委员会成员签到

评标委员会成员到达评标现场时应在签到表上签到以证明其出席。评标委员会签到表见附表 A-1。

#### A2.2　评标委员会的分工

评标委员会首先推选一名评标委员会主任。招标人也可以直接指定评标委员会主任。评标委员会主任负责评标活动的组织领导工作。评标委员会主任在与其他评标委员会成员商议的基础上可以将评标委员会划分为技术组和商务组。

## A2.3 熟悉文件资料

**A2.3.1** 评标委员会主任应组织评标委员会成员认真研究招标文件，了解和熟悉招标目的、招标范围、主要合同条件、技术标准和要求、质量标准和工期要求，掌握评标标准和方法，熟悉本章及附件中包括的评标表格的使用，如果本章及附件所附的表格不能满足评标所需时，评标委员会应补充编制评标所需的表格，尤其是用于详细分析计算的表格。未在招标文件中规定的标准和方法不得作为评标的依据。

**A2.3.2** 招标人或招标代理机构应向评标委员会提供评标所需的信息和数据，包括招标文件，未在开标会上当场拒绝的各投标文件，开标会记录，资格预审文件及各投标人在资格预审阶段递交的资格预审申请文件（适用于已进行资格预审的），标底（如有），工程所在地工程造价管理部门颁布的工程造价信息、定额（如作为计价依据时），有关的法律、法规、规章、国家标准以及招标人或评标委员会认为必要的其他信息和数据。

## A2.4 暗标编号（适用于对施工组织设计进行暗标评审的）

第二章"投标人须知"前附表第 10.3 款要求对施工组织设计采用"暗标"评审方式且第八章"投标文件格式"中对施工组织设计的编制有暗标要求，则在评标工作开始前，招标人将指定专人负责编制投标文件暗标编码，并就暗标编码与投标人的对应关系作好暗标记录。暗标编码按随机方式编制。在评标委员会全体成员均完成暗标部分评审并对评审结果进行汇总和签字确认后，招标人方可向评标委员会公布暗标记录。暗标记录公布前必须妥善保管并予以保密。

## A2.5 对投标文件进行基础性数据分析和整理工作（清标）

**A2.5.1** 在不改变投标人投标文件实质性内容的前提下，评标委员会应当对投标文件进行基础性数据分析和整理（本章中简称为"清标"），从而发现并提取其中可能存在的对招标范围理解的偏差，投标报价的算术性错误、错漏项，投标报价构成不合理、不平衡报价等存在明显异常的问题，并就这些问题整理形成清标成果。评标委员会对清标成果审议后，决定需要投标人进行书面澄清、说明或补正的问题，形成质疑问卷，向投标人发出问题澄清通知（包括质疑问卷）。

**A2.5.2** 在不影响评标委员会成员的法定权利的前提下，评标委员会可委托由招标人专门成立的清标工作小组完成清标工作。在这种情况下，清标工作可以在评标工作开始之前完成，也可以与评标工作平行进行。清标工作小组成员应为具备相应执业资格的专业人员，且应当符合有关法律法规对评标专家的回避规定和要求，不得与任何投标人有利益、上下级等关系，不得代行依法应当由评标委员会及其成员行使的权利。清标成果应当经过评标委员会的审核确认，经过评标委员会审核确认的清标成果视同是评标委员会的工作成果，并由评标委员会以书面方式追加对清标工作小组的授权，书面授权委托书必须由评标委员会全体成员签名。

**A2.5.3** 投标人接到评标委员会发出的问题澄清通知后，应按评标委员会的要求提供书面澄清资料并按要求进行密封，在规定的时间递交到指定地点。投标人递交的书面澄清资料由评标委员会开启。

## A3. 初步评审

### A3.1 形式评审

评标委员会根据评标办法前附表中规定的评审因素和评审标准，对投标人的投标文件进行形式评审，并使用附表 A-2 记录评审结果。

### A3.2 资格评审

**A3.2.1** 评标委员会根据评标办法前附表中规定的评审因素和评审标准，对投标人的投标文件进行资格评审，并使用附表 A-3 记录评审结果（适用于未进行资格预审的）。

**A3.2.2** 当投标人资格预审申请文件的内容发生重大变化时，评标委员会依据资格预审文件中规定的标准和方法，对照投标人在资格预审阶段递交的资格预审文件中的资料以及在投标文件中更新的资料，对其更新的资料进行评审（适用于已进行资格预审的）。其中：

（1）资格预审采用"合格制"的，投标文件中更新的资料应当符合资格预审文件中规定的审查标准，否则其投标作废标处理；

（2）资格预审采用"有限数量制"的，投标文件中更新的资料应当符合资格预审文件中规定的审查标准，其中以评分方式进行审查的，其更新的资料按照资格预审文件中规定的评分标准评分后，其得分应当保证即便在资格预审阶段仍然能够获得投标资格且没有对未通过资格预审的其他资格预审申请人构成不公平，否则其投标作废标处理。

### A3.3 响应性评审

**A3.3.1** 评标委员会根据评标办法前附表中规定的评审因素和评审标准，对投标人的投标文件进行响应性评审，并使用附表 A-4 记录评审结果。

**A3.3.2** 投标人投标价格不得超出（不含等于）按照本章前附表的规定计算的"拦标价"，凡投标人的投标价格超出"拦标价"的，该投标人的投标文件不能通过响应性评审（适用于设立拦标价的情形）。

**A3.3.2** 投标人投标价格不得超出（不含等于）按照第二章"投标人须知"前附表第 10.2 款载明的招标控制价，凡投标人的投标价格超出招标控制价的，该投标人的投标文件不能通过响应性评审（适用于设立招标控制价的情形）。

### A3.4 判断投标是否为废标

**A3.4.1** 判断投标人的投标是否为废标的全部条件（包括本章第 3.1.2 项中规定的条件），在本章附件 B 中集中列示。

**A3.4.2** 本章附件 B 集中列示的废标条件不应与第二章"投标人须知"和本章正文部分包括的废标条件抵触，如果出现相互矛盾的情况，以第二章"投标人须知"和本章正文部分的规定为准。

**A3.4.3** 评标委员会在评标（包括初步评审和详细评审）过程中，依据本章附件 B 中规定的废标条件判断投标人的投标是否为废标。

### A3.5 算术错误修正

评标委员会依据本章中规定的相关原则对投标报价中存在的算术错误进行修正，并根据算术错误修正结果计算评标价。

### A3.6 澄清、说明或补正

在初步评审过程中，评标委员会应当就投标文件中不明确的内容要求投标人进行澄清、说明或者补正。投标人对此以书面形式予以澄清、说明或者补正。澄清、说明或补正根据本章第 3.3 款的规定执行。

## A4. 详细评审

只有通过了初步评审、被判定为合格的投标方可进入详细评审。

### A4.1 详细评审的程序

**A4.1.1** 评标委员会按照本章第3.2款中规定的程序进行详细评审：

（1）施工组织设计评审和评分；

（2）项目管理机构评审和评分；

（3）投标报价评审和评分，并对明显低于其他投标报价的投标报价，或者在设有标底时明显低于标底的投标报价，判断是否低于其个别成本；

（4）其他因素评审和评分；

（5）汇总评分结果。

### A4.2 施工组织设计评审和评分

**A4.2.1** 按照评标办法前附表中规定的分值设定、各项评分因素、评分标准，对施工组织设计进行评审和评分，并使用附表 A-5 记录对施工组织设计的评分结果，施工组织设计的得分记录为 A。

### A4.3 项目管理机构评审和评分

**A4.3.1** 按照评标办法前附表中规定的分值设定、各项评分因素、评分标准，对项目管理机构进行评审和评分，并使用附表 A-6 记录对项目管理机构的评分结果，项目管理机构的得分记录为 B。

### A4.4 投标报价评审和评分（仅按投标总报价进行评分）

**A4.4.1** 按照评标办法前附表中规定的方法计算"评标基准价"。

**A4.4.2** 按照评标办法前附表中规定的方法，计算各个已通过了初步评审、施工组织设计评审和项目管理机构评审并且经过评审认定为不低于其成本的投标报价的"偏差率"。

**A4.4.3** 按照评标办法前附表中规定的评分标准，对照投标报价的偏差率，分别对各个投标报价进行评分，使用附表 A-7 记录对投标报价的评分结果，投标报价的得分记录为 C。

### A4.4  投标报价评审和评分(按投标总报价中的分项报价分别进行评分)

**A4.4.1**  投标报价按以下项目的分项投标报价分别进行评审和评分:

(1) 投标总报价减去以下分别进行评分的各个分项投标报价以后的部分;

(2) _____;

(3) _____;

(4) _____;

(5) _____;

......

**A4.4.2**  按照评标办法前附表中规定的方法,分别计算各个分项投标报价的"评标基准价"。

**A4.4.3**  按照评标办法前附表中规定的方法,分别计算各个分项投标报价与对应的分项投标报价评标基准价之间的"偏差率"。

**A4.4.4**  按照评标办法前附表中规定的评分标准,对照分项投标报价的偏差率,分别对各个分项投标报价进行评分,汇总各个分项投标报价的得分,使用附表A-7 记录对各个投标报价的评分结果,投标报价的得分记录为 C。

### A4.5  其他因素的评审和评分

根据评标办法前附表中规定的分值设定、各项评分因素和相应的评分标准,对其他因素(如果有)进行评审和评分,并使用附表 A-8 记录对其他因素的评分结果,其他因素的得分记录为 D。

### A4.6  判断投标报价是否低于成本

根据本章第 3.2.4 项的规定,评标委员会根据本章附件 C 中规定的程序、标准和方法,判断投标报价是否低于其成本。由评标委员会认定投标人以低于成本竞标的,其投标作废标处理。

### A4.7  澄清、说明或补正

在详细评审过程中,评标委员会应当就投标文件中不明确的内容要求投标人进行澄清、说明或者补正。投标人对此以书面形式予以澄清、说明或者补正。澄清、说明或补正根据本章第 3.3 款的规定执行。

### A4.8　汇总评分结果

**A4.8.1**　评标委员会成员应按照附表 A-9 的格式填写详细评审评分汇总表。

**A4.8.2**　详细评审工作全部结束后，按照附表 A-10 的格式汇总各个评标委员会成员的详细评审评分结果，并按照详细评审最终得分由高至低的次序对投标人进行排序。

## A5. 推荐中标候选人或者直接确定中标人

### A5.1　推荐中标候选人

**A5.1.1**　除第二章"投标人须知"前附表第 7.1 款授权直接确定中标人外，评标委员会在推荐中标候选人时，应遵照以下原则：

（1）评标委员会按照最终得分由高至低的次序排列，并根据第二章"投标人须知"前附表第 7.1 款规定的中标候选人数量，将排序在前的投标人推荐为中标候选人。

（2）如果评标委员会根据本章的规定作废标处理后，有效投标不足三个，且少于第二章"投标人须知"前附表第 7.1 款规定的中标候选人数量的，则评标委员会可以将所有有效投标按最终得分由高至低的次序作为中标候选人向招标人推荐。如果因有效投标不足三个使得投标明显缺乏竞争的，评标委员会可以建议招标人重新招标。

**A5.1.2**　投标人数量少于三个或者所有投标被否决的，招标人应当依法重新招标。

### A5.2　直接确定中标人

第二章"投标人须知"前附表授权评标委员会直接确定中标人的，评标委员会按照最终得分由高至低的次序排列，并确定排名第一的投标人为中标人。

### A5.3　编制评标报告

评标委员会根据本章第 3.4.2 项的规定向招标人提交评标报告。评标报告应当由全体评标委员会成员签字，并于评标结束时抄送有关行政监督部门。评标报告应当包括以下内容：

（1）基本情况和数据表；

（2）评标委员会成员名单；

（3）开标记录；

（4）符合要求的投标一览表；

（5）废标情况说明；

（6）评标标准、评标方法或者评标因素一览表；

（7）经评审的价格一览表（包括评标委员会在评标过程中所形成的所有记载评标结果、结论的表格、说明、记录等文件）；

（8）经评审的投标人排序；

（9）推荐的中标候选人名单（如果第二章"投标人须知"前附表授权评标委员会直接确定中标人，则为"确定的中标人"）与签订合同前要处理的事宜；

（10）澄清、说明、补正事项纪要。

## A6. 特殊情况的处置程序

### A6.1 暗标评审的评审程序规定（适用于对施工组织设计进行暗标评审的）

如果第二章"投标人须知"前附表第 10.3 款要求对施工组织设计采用"暗标"评审方式且第八章"投标文件格式"中对施工组织设计的编制有暗标要求，评标委员会需对施工组织设计进行暗标评审的，则评标委员会需将施工组织设计（暗标）评审提前到初步评审之前进行。施工组织设计评审结果封存后再进行形式评审、资格评审、响应性评审和项目管理机构评审。项目管理机构评审完成后再公开暗标编码与投标人名称之间的对应关系。

### A6.2 关于评标活动暂停

**A6.2.1** 评标委员会应当执行连续评标的原则，按评标办法中规定的程序、内容、方法、标准完成全部评标工作。只有发生不可抗力导致评标工作无法继续时，评标活动方可暂停。

**A6.2.2** 发生评标暂停情况时，评标委员会应当封存全部投标文件和评标记录，待不可抗力的影响结束且具备继续评标的条件时，由原评标委员会继续评标。

### A6.3　关于评标中途更换评委

**A6.3.1**　除非发生下列情况之一，评标委员会成员不得在评标中途更换：

（1）因不可抗拒的客观原因，不能到场或需在评标中途退出评标活动。

（2）根据法律法规规定，某个或某几个评标委员会成员需要回避。

**A6.3.2**　退出评标的评标委员会成员，其已完成的评标行为无效。由招标人根据本招标文件规定的评标委员会成员生产方式另行确定替代者进行评标。

### A6.4　记名投票

在任何评标环节中，需评标委员会就某项定性的评审结论作出表决的，由评标委员会全体成员按照少数服从多数的原则，以记名投票方式表决。

## A7. 补充条款

……

# 附件 B：废标条件

# 废 标 条 件

## B0. 总则

本附件所集中列示的废标条件，是本章"评标办法"的组成部分，是对第二章"投标人须知"和本章正文部分所规定的废标条件的总结和补充，如果出现相互矛盾的情况，以第二章"投标人须知"和本章正文部分的规定为准。

## B1. 废标条件

投标人或其投标文件有下列情形之一的，其投标作废标处理：

B1.1　有第二章"投标人须知"第1.4.3项规定的任何一种情形的。

B1.2　有串通投标或弄虚作假或有其他违法行为的。

B1.3　不按评标委员会要求澄清、说明或补正的。

B1.4　在形式评审、资格评审（适用于未进行资格预审的）、响应性评审中，评标委员会认定投标人的投标不符合评标办法前附表中规定的任何一项评审标准的。

B1.5　当投标人资格预审申请文件的内容发生重大变化时，其在投标文件中更新的资料，未能通过资格评审的（适用于已进行资格预审的）。

B1.6　投标报价文件（投标函除外）未经有资格的工程造价专业人员签字并加盖执业专用章的；

B1.7　在施工组织设计和项目管理机构评审中，评标委员会认定投标人的投标未能通过此项评审的。

B1.8　评标委员会认定投标人以低于成本报价竞标的。

B1.9　投标人未按第二章"投标人须知"第10.6款规定出席开标会的。

B1.10　……

……

备注：如果工程所在地管理规定要求评标委员会对判定为废标的投标文件说明废标情况的，应增加"废标情况说明表"格式，废标情况说明应当对照招标文件规定的废标条件以及投标文件存在的具体问题。

## 附件 C：投标人成本评审办法

## 投标人成本评审办法

**备注：**同"经评审的最低投标价法"附件 D。

## 附件 D：备选投标方案的评审方法

## 备选投标方案的评审方法

**备注**：同"经评审的最低评标价法"附件 E。

# 附件 E：计算机辅助评标方法

## 计算机辅助评标方法

**备注**：同"经评审的最低评标价法"附件 F。

附表 A-1：评标委员会签到表

## 评标委员会签到表

工程名称：_____

（项目名称）_____ 标段　　　　　　评标时间：　　　年　　月　　日

| 序号 | 姓名 | 职称 | 工作单位 | 专家证号码 | 签到时间 |
|------|------|------|----------|-----------|----------|
| 1 | | | | | |
| 2 | | | | | |
| 3 | | | | | |
| 4 | | | | | |
| 5 | | | | | |
| 6 | | | | | |
| 7 | | | | | |
| 8 | | | | | |
| 9 | | | | | |

90

## 附表 A-2：形式评审记录表

## 形式评审记录表

工程名称：_____

_____(项目名称)_____标段

| 序号 | 评审因素 | 投标人名称及评审意见 | | | | | |
|------|----------|------|------|------|------|------|------|
| 1 | 投标人名称 | | | | | | |
| 2 | 投标函签字盖章 | | | | | | |
| 3 | 投标文件格式 | | | | | | |
| 4 | 联合体投标人 | | | | | | |
| 5 | 报价唯一 | | | | | | |
| 6 | …… | | | | | | |

评标委员会全体成员签名：

日期：　　年　　月　　日

## 附表 A-3：资格评审记录表

### 资格评审记录表

工程名称：_____

（项目名称）_____ 标段

| 序号 | 评审因素 | 投标人名称及评审意见 | | | | | | | | |
|---|---|---|---|---|---|---|---|---|---|---|
| 1 | 营业执照 | | | | | | | | | |
| 2 | 安全生产许可证 | | | | | | | | | |
| 3 | 资质等级 | | | | | | | | | |
| 4 | 财务状况 | | | | | | | | | |
| 5 | 类似项目业绩 | | | | | | | | | |
| 6 | 信誉 | | | | | | | | | |
| 7 | 项目经理 | | | | | | | | | |
| 8 | 其他要求 | | | | | | | | | |
| 9 | 联合体投标人 | | | | | | | | | |
| 10 | …… | | | | | | | | | |

评标委员会全体成员签名：

日期：　　　年　　　月　　　日

附表 A-4：响应性评审记录表

## 响应性评审记录表

工程名称：_____ （项目名称）_____ 标段

| 序号 | 评审因素 | 投标人名称及评审意见 | | | | | | | |
|------|----------|------|------|------|------|------|------|------|------|
| 1 | 投标内容 | | | | | | | | |
| 2 | 工期 | | | | | | | | |
| 3 | 工程质量 | | | | | | | | |
| 4 | 投标有效期 | | | | | | | | |
| 5 | 投标保证金 | | | | | | | | |
| 6 | 权利义务 | | | | | | | | |
| 7 | 已标价工程量清单 | | | | | | | | |
| 8 | 技术标准和要求 | | | | | | | | |
| 9 | 投标价格 | | | | | | | | |
| 10 | …… | | | | | | | | |

评标委员会全体成员签名：

日期：　　年　　月　　日

# 附表 A-5：施工组织设计评审记录表

## 施工组织设计评审记录表

工程名称：_____

_____（项目名称）_____标段

| 序号 | 评分项目 | 标准分 | 投标人名称代码 | | | | | | |
|------|---------|--------|------|------|------|------|------|------|------|
| 1 | 内容完整性和编制水平 | | | | | | | | |
| 2 | 施工方案与技术措施 | | | | | | | | |
| 3 | 质量管理体系与措施 | | | | | | | | |
| 4 | 安全管理体系与措施 | | | | | | | | |
| 5 | 环境保护管理体系与措施 | | | | | | | | |
| 6 | 工程进度计划与措施 | | | | | | | | |
| 7 | 资源配备计划 | | | | | | | | |
| 8 | …… | | | | | | | | |
| 施工组织设计得分合计 A（满分＿＿＿） | | | | | | | | | |

评标委员会成员签名：

日期：　　　年　　月　　日

## 附表 A-6：项目管理机构评审记录表

### 项目管理机构评审记录表

工程名称：

（项目名称）　　　标段

| 序号 | 评分项目 | 标准分 | 投标人名称代码 | | | | | |
|------|---------|--------|------|------|------|------|------|------|
| 1 | 项目经理任职资格与业绩 | | | | | | | |
| 2 | 技术负责人任职资格与业绩 | | | | | | | |
| 3 | 其他主要人员 | | | | | | | |
| 4 | …… | | | | | | | |
| | 项目管理机构得分合计 B（满分　　） | | | | | | | |

评标委员会成员签名：

日期：　　年　　月　　日

94

## 附表 A-7：投标报价评分记录表

## 投标报价评分记录表

工程名称：_____

（项目名称）_____ 标段

单位：人民币元

| 项目 | 投标人名称 | | | | | |
|---|---|---|---|---|---|---|
| 投标报价 | | | | | | |
| 偏差率 | | | | | | |
| 投标报价得分 C（满分___） | | | | | | |
| 基准价 | | | | | | |
| 标底（如果有） | | | | | | |

评标委员会成员签名：

日期： 年 月 日

**备注：** 采用分项报价分别评分的，每个分项报价的评分分别使用一张本表格进行评分。招标人应参照本表格式另行制订投标报价评分汇总表供投标报价评分结果汇总使用。相应地，招标人应当调整第八章"投标文件格式"中"投标函"的格式，投标函中应分别列出投标总报价以及各个分项的报价，以方便开标唱标。

## 附表 A-8：其他因素评审记录表

### 其他因素评审记录表

工程名称：_____ (项目名称) _____ 标段

| 序号 | 评分项目 | 标准分 | 投标人名称代码 | | | | |
|------|----------|--------|------|------|------|------|------|
| | …… | | | | | | |
| | …… | | | | | | |
| | …… | | | | | | |
| | …… | | | | | | |
| 其他因素得分合计 D(满分___) | | | | | | | |

评标委员会成员签名：

日期：　　年　　月　　日

## 附表 A-9： 详细评审评分汇总表

## 详细评审评分汇总表

工程名称：_____ （项目名称）_____标段

| 序号 | 评分项目 | 分值代码 | 投标人名称代码 | | | | |
|------|----------|----------|------|------|------|------|------|
| 1 | 施工组织设计 | A | | | | | |
| 2 | 项目管理机构 | B | | | | | |
| 3 | 投标报价 | C | | | | | |
| 4 | 其他因素 | D | | | | | |
| | 详细评审得分合计 | | | | | | |

评标委员会成员签名：

日期：　　　年　　　月　　　日

## 附表 A-10：评标结果汇总表

## 评标结果汇总表

工程名称：

(项目名称) _____ 标段

| 评委序号和姓名 | 投标人名称（或代码）及其得分 | | | | | | |
|---|---|---|---|---|---|---|---|
| 1. | | | | | | | |
| 2. | | | | | | | |
| 3. | | | | | | | |
| 4. | | | | | | | |
| 5. | | | | | | | |
| 6. | | | | | | | |
| 7. | | | | | | | |
| 各评委评分合计 | | | | | | | |
| 各评委评分平均值 | | | | | | | |
| 投标人最终排名次序 | | | | | | | |

评标委员会全体成员签名：

日期： 年 月 日

# 第四章　合同条款及格式

# 第一节 通用合同条款

通用合同条款直接引用中国计划出版社出版的中华人民共和国《标准施工招标文件》(2007 版)第一卷第四章第一节"通用合同条款"(第 41 页至第 81 页)。

# 第二节  专用合同条款

# 专用合同条款

## 1. 一般约定

### 1.1 词语定义

1.1.2 合同当事人和人员

1.1.2.2 发包人：_____。

1.1.2.6 监理人：_____。

1.1.2.8 发包人代表：指发包人指定的派驻施工场地（现场）的全权代表。

姓　　名：_____。

职　　称：_____。

联系电话：_____。

电子信箱：_____。

通信地址：_____。

1.1.2.9 专业分包人：指根据合同条款第15.8.1项的约定，由发包人和承包人以招标方式选择的分包人。

1.1.2.10 专项供应商：指根据合同条款第15.8.1项的约定，由发包人和承包人以招标方式选择的供应商。

1.1.2.11 独立承包人：指与发包人直接订立工程承包合同，负责实施与工程有关的其他工作的当事人。

1.1.3 工程和设备

1.1.3.2 永久工程：_____。

1.1.3.3 临时工程：_____。

1.1.3.4 单位工程：指具有相对独立的设计文件，能够独立组织施工并能形成独立使用功能的永久工程的组成部分。

1.1.3.10 永久占地：_____。

1.1.3.11 临时占地：_____。

1.1.4 日期

1.1.4.5 缺陷责任期期限：_____月。

1.1.4.8 保修期：是根据现行有关法律规定，在合同条款第 19.7 款中约定的由承包人负责对合同约定的保修范围内发生的质量问题履行保修义务并对造成的损失承担赔偿责任的期限。

1.1.6 其他

1.1.6.2 材料：指构成或将构成永久工程组成部分的各类物品（工程设备除外），包括合同中可能约定的承包人仅负责供应的材料。

1.1.6.3 争议评审组：是由发包人和承包人共同聘请的人员组成的独立、公正的第三方临时性组织，一般由一名或者三名合同管理和（或）工程管理专家组成。争议评审组负责对发包人和（或）承包人提请进行评审的本合同项下的争议进行评审并在规定的期限内给出评审意见，合同双方在规定的期限内均未对评审意见提出异议时，评审意见对合同双方有最终约束力。发包人和承包人应当分别与接受聘请的争议评审专家签订聘用协议，就评审的争议范围、评审意见效力等必要事项做出约定。

1.1.6.4 除另有特别指明外，专用合同条款中使用的措辞"合同条款"指通用合同条款和（或）专用合同条款。

## 1.4 合同文件的优先顺序

合同文件的优先解释顺序如下：

（1）合同协议书；

（2）中标通知书；

（3）投标函及投标函附录；

（4）专用合同条款；

（5）通用合同条款；

（6）＿＿＿＿＿＿＿＿＿＿＿＿＿＿＿＿＿＿；

（7）＿＿＿＿＿＿＿＿＿＿＿＿＿＿＿＿＿＿；

（8）＿＿＿＿＿＿＿＿＿＿＿＿＿＿＿＿＿＿；

（9）＿＿＿＿＿＿＿＿＿＿＿＿＿＿＿＿＿＿。

（说明：（6）、（7）、（8）填空内容分别限于技术标准和要求、图纸、已标价工程量清单三者之一。）

合同协议书中约定采用总价合同形式的，已标价工程量清单中的各项工程量对合同双方不具合同约束力。

图纸与技术标准和要求之间有矛盾或者不一致的，以其中要求较严格的标准为准。

合同双方在合同履行过程中签订的补充协议亦构成合同文件的组成部分，其解释顺序视其内容与其他合同文件的相互关系而定。

## 1.5 合同协议书

合同生效的条件：_____。

## 1.6 图纸和承包人文件

### 1.6.1 图纸的提供

（1）发包人按照合同条款本项的约定向承包人提供图纸。承包人需要增加图纸套数的，发包人应代为复制，复制费用由承包人承担。

（2）在监理人批准合同条款第 10.1 款约定的合同进度计划或者合同条款 10.2 款约定的合同进度计划修改后 7 天内，承包人应当根据合同进度计划和本项约定的图纸提供期限和数量，编制或者修改图纸供应计划并报送监理人，其中应当载明承包人对各区段最新版本图纸（包括合同条款第 1.6.3 项约定的图纸修改图）的最迟需求时间，监理人应当在收到图纸供应计划后 7 天内批复或提出修改意见，否则该图纸供应计划视为得到批准。经监理人批准的最新的图纸供应计划对合同双方有合同约束力，作为发包人或者监理人向承包人提供图纸的主要依据。发包人或者监理人不按照图纸供应计划提供图纸而导致承包人费用增加和（或）工期延误的，由发包人承担赔偿责任。承包人未按照本目约定的时间向监理人提交图纸供应计划，致使发包人或者监理人未能在合理的时间内提供相应图纸或者承包人未按照图纸供应计划组织施工所造成的费用增加和（或）工期延误由承包人承担。

（3）发包人提供图纸的期限：_____。

（4）发包人提供图纸的数量：_____。

### 1.6.2 承包人提供的文件

（1）除专用合同条款第 4.1.10(1) 目约定的由承包人提供的设计文件外，本项约定的其他应由承包人提供的文件，包括必要的加工图和大样图，均不是合同计量与支付的依据文件。由承包人提供的文件范围：_____
_____
_____。

（2）承包人提供文件的期限：_____

_____。

（3）承包人提供文件的数量：_____

_____。

（4）监理人批复承包人提供文件的期限：_____

_____。

（5）其他约定：_____

_____。

### 1.6.3　图纸的修改

监理人应当按照合同条款第1.6.1(2)目约定的有合同约束力的图纸供应计划，签发图纸修改图给承包人。

## 1.7　联络

### 1.7.2　联络来往函件的送达和接收

（1）联络来往信函的送达期限：合同约定了发出期限的，送达期限为合同约定的发出期限后的24小时内；合同约定了通知、提供或者报送期限的，通知、提供或者报送期限即为送达期限。

（2）发包人指定的接收地点：_____。

（3）发包人指定的接收人为：_____。

（4）监理人指定的接收地点：_____。

（5）监理人指定的接收人为：_____。

（6）承包人指定的接收人为合同协议书中载明的承包人项目经理本人或者项目经理的授权代表。承包人应在收到开工通知后7天内，按照合同条款第4.5.4项的约定，将授权代表其接收来往信函的项目经理的授权代表姓名和授权范围通知监理人。除合同另有约定外，承包人施工场地管理机构的办公地点即为承包人指定的接收地点。

（7）发包人（包括监理人）和承包人中任何一方指定的接收人或者接收地点发生变动，应当在实际变动前提前至少一个工作日以书面方式通知另一方。发包人（包括监理人）和承包人应当确保其各自指定的接收人在法定的和（或）符合合同约定的工作时间内始终工作在指定的接收地点，指定接收人离开工作岗位而无法及时签收来往信函构成拒不签收。

（8）发包人（包括监理人）和承包人中任何一方均应当及时签收另一方送达其指定接收地点的来往信函，拒不签收的，送达信函的一方可以采用挂号或者公证方式送达，由此所造成直接的和间接的费用增加（包括被迫采用特殊送达方式所发生的费用）和（或）延误的工期由拒绝签收一方承担。

## 2. 发包人义务

### 2.3 提供施工场地

施工场地应当在监理人发出的开工通知中载明的开工日期前_____天具备施工条件并移交给承包人，具体施工条件在第七章"技术标准和要求"第一节"一般要求"中约定。发包人最迟应当在移交施工场地的同时向承包人提供施工场地内地下管线和地下设施等有关资料，并保证资料的真实、准确和完整。

### 2.5 组织设计交底

发包人应当在合同条款 11.1.1 项约定的开工日期前组织设计人向承包人进行合同工程总体设计交底（包括图纸会审）。发包人还应按照合同进度计划中载明的阶段性设计交底时间组织和安排阶段工程设计交底（包括图纸会审）。承包人可以书面方式通过监理人向发包人申请增加紧急的设计交底，发包人在认为确有必要且条件许可时，应当尽快组织这类设计交底。

### 2.8 其他义务

（1）向承包人提交对等的支付担保。在承包人按合同条款第 4.2 条向发包人递交符合合同约定的履约担保的同时，发包人应当按照金额和条件对等的原则和招标文件中规定的格式或者其他经过承包人事先认可的格式向承包人递交一份支付担保。支付担保的有效期应当自本合同生效之日起至发包人实际支付竣工付款之日止。如果发包人无法获得一份不带具体截止日期的担保，支付担保中应当有"变更工程竣工付款支付日期的，保证期间按照变更后的竣工付款支付日期做相应调整"或类似约定的条款。支付担保应在发包人付清竣工付款之日后 28 天内退还给发包人。承包人不承担发包人与支付担保有关的任何利息或其他类似的费用或者收益。支付担保是本合同的附件。

（2）按有关规定及时办理工程质量监督手续。

（3）根据建设行政主管部门和（或）城市建设档案管理机构的规定，收集、整理、立卷、归档工程资料，并按规定时间向建设行政主管部门或者城市建设档案管理机构移交规定的工程档案。

（4）批准和确认：按合同约定应当由监理人或者发包人回复、批复、批准、确认或提出修改意见的承包人的要求、请求、申请和报批等。自监理人或者发包人指定的接收人收到承包人发出的相应要求、请求、申请和报批之日起，如果监理人或者发包人在合同约定的期限内未予回复、批复、批准、确认或提出修改意见的，视为监理人和发包人已经同意、确认或者批准。

（4）发包人应当履行合同约定的其他义务以及下述义务：_____。

# 3. 监理人

## 3.1 监理人的职责和权力

3.1.1 须经发包人批准行使的权力：_____。

不管通用合同条款第 3.1.1 项如何约定，监理人履行须经发包人批准行使的权力时，应当向承包人出示其行使该权力已经取得发包人批准的文件或者其他合法有效的证明。

## 3.3 监理人员

3.3.4 总监理工程师不应将第 3.5 款约定应由总监理工程师作出确定的权力授权或者委托给其他监理人员。

## 3.4 监理人的指示

3.4.4 除通用合同条款已有的专门约定外，承包人只能从总监理工程师或按第 3.3.1 项授权的监理人员处取得指示，发包人应当通过监理人向承包人发出指示。

## 3.6 监理人的宽恕

监理人或者发包人就承包人对合同约定的任何责任和义务的某种违约行为的宽

恕，不影响监理人和发包人在此后的任何时间严格按合同约定处理承包人的其他违约行为，也不意味发包人放弃合同约定的发包人与上述违约有关的任何权利和赔偿要求。

# 4. 承包人

## 4.1　承包人的一般义务

4.1.3　除专用合同条款第5.2款约定由发包人提供的材料和工程设备和第6.2款约定由发包人提供的施工设备和临时设施外，承包人应负责提供为完成合同工作所需的劳务、材料、施工设备、工程设备和其他物品，并按合同约定负责临时设施的设计、建造、运行、维护、管理和拆除。

4.1.8　为他人提供方便

(1) 承包人应当对在施工场地或者附近实施与合同工程有关的其他工作的独立承包人履行管理、协调、配合、照管和服务义务，由此发生的费用被认为已经包括在承包人的签约合同价(投标总报价)中，具体工作内容和要求包括：＿＿＿＿＿＿
＿＿＿＿＿＿＿＿＿＿＿＿＿＿＿＿＿＿＿＿＿＿＿＿＿＿＿＿＿＿＿＿＿＿。

(2) 承包人还应按监理人指示为独立承包人以外的他人在施工场地或者附近实施与合同工程有关的其他工作提供可能的条件，可能发生费用由监理人按第3.5款商定或者确定。

4.1.10　其他义务

(1) 根据发包人委托，在其设计资质等级和业务允许的范围内，完成施工图设计或与工程配套的设计，经监理人确认后使用，发包人承担由此发生的费用和合理利润。由承包人负责完成的设计文件属于合同条款第1.6.2项约定的承包人提供的文件，承包人应按照专用合同条款第1.6.2项约定的期限和数量提交，由此发生的费用被认为已经包括在承包人的签约合同价(投标总报价)中。由承包人承担的施工图设计或与工程配套的设计工作内容：＿＿＿＿＿＿＿＿＿＿＿＿＿＿＿＿＿＿＿＿
＿＿＿＿＿＿＿＿＿＿＿＿＿＿＿＿＿＿＿＿＿＿＿＿＿＿＿＿＿＿＿＿＿＿。

(2) 承包人应履行合同约定的其他义务以及下述义务：＿＿＿＿＿＿＿＿＿
＿＿＿＿＿＿＿＿＿＿＿＿＿＿＿＿＿＿＿＿＿＿＿＿＿＿＿＿＿＿＿＿＿＿。

### 4.2 履约担保

#### 4.2.1 履约担保的格式和金额

承包人应在签订合同前，按照发包人在招标文件中规定的格式或者其他经过发包人认可的格式向发包人递交一份履约担保。经过发包人事先书面认可的其他格式的履约担保，其担保条款的实质性内容应当与发包人在招标文件中规定的格式内容保持一致。履约担保的金额为_____。履约担保是本合同的附件。

#### 4.2.2 履约担保的有效期

履约担保的有效期应当自本合同生效之日起至发包人签认并由监理人向承包人出具工程接收证书之日止。如果承包人无法获得一份不带具体截止日期的担保，履约担保中应当有"变更工程竣工日期的，保证期间按照变更后的竣工日期做相应调整"或类似约定的条款。

#### 4.2.3 履约担保的退还

履约担保应在监理人向承包人颁发（出具）工程接收证书之日后 28 天内退还给承包人。发包人不承担承包人与履约担保有关的任何利息或其他类似的费用或者收益。

#### 4.2.4 通知义务

不管履约担保条款中如何约定，发包人根据担保条款提出索赔或兑现要求 28 天前，应通知承包人并说明导致此类索赔或兑现的违约性质或原因。相应地，不管专用合同条款 2.8(1)目约定的支付担保条款中如何约定，承包人根据担保条款提出索赔或兑现要求 28 天前，也应通知发包人并说明导致此类索赔或兑现的违约性质或原因。但是，本项约定的通知不应理解为是在任何意义上寻求承包人或者发包人的同意。

### 4.3 分包

4.3.2 发包人同意承包人分包的非主体、非关键性工作见投标函附录。除通用合同条款第 4.3 款的约定外，分包还应遵循以下约定：

（1）除投标函附录中约定的分包内容外，经过发包人和监理人同意，承包人可以将其他非主体、非关键性工作分包给第三人，但分包人应当经过发包人和监理人审批。发包人和监理人有权拒绝承包人的分包请求和承包人选择的分包人。

（2）发包人在工程量清单中给定暂估价的专业工程，包括从暂列金额开支的专业工程，达到依法应当招标的规模标准的，以及虽未达到规定的规模标准但合同中约定采用分包方式或者招标方式实施的，应当按专用合同条款第15.8.1项的约定，由发包人和承包人以招标方式确定专业分包人。除项目审批部门有特别核准外，暂估价的专业工程的招标应当采用与施工总承包同样的招标方式。

（3）在相关分包合同签订并报送有关建设行政主管部门备案后7天内，承包人应当将一份副本提交给监理人，承包人应保障分包工作不得再次分包。

（4）分包工程价款由承包人与分包人（包括专业分包人）结算。未经承包人同意，发包人不得以任何形式向分包人（包括专业分包人）支付相关分包合同项下的任何工程款项。因发包人未经承包人同意直接向分包人（包括专业分包人）支付相关分包合同项下的任何工程款项而影响承包人工作的，所造成的承包人费用增加和（或）延误的工期由发包人承担。

（5）未经发包人和监理人审批同意的分包工程和分包人，发包人有权拒绝验收分包工程和支付相应款项，由此引起的承包人费用增加和（或）延误的工期由承包人承担。

## 4.5　承包人项目经理

4.5.1　承包人项目经理必须与承包人投标时所承诺的人员一致，并在根据通用合同条款第11.1.1项确定的开工日期前到任。在监理人向承包人颁发（出具）工程接收证书前，项目经理不得同时兼任其他任何项目的项目经理。未经发包人书面许可，承包人不得更换项目经理。承包人项目经理的姓名、职称、身份证号、执业资格证书号、注册证书号、执业印章号、安全生产考核合格证书号等细节资料应当在合同协议书中载明。

## 4.11　不利物质条件

4.11.1　不利物质条件的范围：_____

_____。

# 5. 材料和工程设备

## 5.1　承包人提供的材料和工程设备

5.1.1　除专用合同条款第5.2款约定由发包人提供的材料和工程设备外，由承包人提供的材料和工程设备均由承包人负责采购、运输和保管。但是，发包人在工程量清单中给定暂估价的材料和工程设备，包括从暂列金额开支的材料和工程设备，其中属于依法必须招标的范围并达到规定的规模标准的，以及虽不属于依法必须招标的范围但合同中约定采用招标方式采购的，应当按专用合同条款第 15.8.1 项的约定，由发包人和承包人以招标方式确定专项供应商。承包人负责提供的主要材料和工程设备清单见合同附件二"承包人提供的材料和工程设备一览表"。

5.1.2 承包人将由其提供的材料和工程设备的供货人及品种、规格、数量和供货时间等报送监理人审批的期限：＿＿＿＿＿＿＿＿＿＿＿＿＿＿＿＿＿。

## 5.2 发包人提供的材料和工程设备

5.2.1 发包人负责提供的材料和工程设备的名称、规格、数量、价格、交货方式、交货地点和计划交货日期等见合同附件三"发包人提供的材料和工程设备一览表"。

5.2.3 由发包人提供的材料和工程设备验收后，由承包人负责接收、运输和保管。

# 6. 施工设备和临时设施

## 6.1 承包人提供的施工设备和临时设施

6.1.2 发包人承担修建临时设施的费用的范围：＿＿＿＿＿＿＿＿＿＿＿＿＿。
需要发包人办理申请手续和承担相关费用的临时占地：＿＿＿＿＿＿＿＿＿

＿＿＿＿＿＿＿＿＿＿＿＿＿＿＿＿＿＿＿＿＿＿＿＿＿＿＿＿＿＿＿＿＿。

## 6.2 发包人提供的施工设备和临时设施

发包人提供的施工设备和临时设施：＿＿＿＿＿＿＿＿＿＿＿＿＿＿＿＿＿。
发包人提供的施工设备和临时设施的运行、维护、拆除、清运费用的承担人：＿＿＿＿＿。

## 6.4 施工设备和临时设施专用于合同工程

6.4.1 除为专用合同条款第 4.1.8 项约定的其他独立承包人和监理人指示的他人提供条件外，承包人运入施工场地的所有施工设备以及在施工场地建设的临时设施仅限于用于合同工程。

# 7. 交通运输

## 7.1　道路通行权和场外设施

取得道路通行权、场外设施修建权的办理人：____，其相关费用由发包人承担。

## 7.2　场内施工道路

7.2.1　施工所需的场内临时道路和交通设施的修建、维护、养护和管理人：_____，相关费用由_____承担。

7.2.2　发包人和监理人有权无偿使用承包人修建的临时道路和交通设施，不需要交纳任何费用。

## 7.4　超大件和超重件的运输

运输超大件或超重件所需的道路和桥梁临时加固改造等费用的承担人：_____。

# 8. 测量放线

## 8.1　施工控制网

8.1.1　发包人通过监理人提供测量基准点、基准线和水准点及其书面资料的期限：_____

_____。

承包人测设施工控制网的要求：_____

_____。

承包人将施工控制网资料报送监理人审批的期限：_____。

# 9. 施工安全、治安保卫和环境保护

## 9.2　承包人的施工安全责任

9.2.1　承包人向监理人报送施工安全措施计划的期限：_____。

监理人收到承包人报送的施工安全措施计划后应当在_____天内给予批复。

## 9.3 治安保卫

9.3.1 承包人应当负责统一管理施工场地的治安保卫事项，履行合同工程的治安保卫职责。

9.3.3 施工场地治安管理计划和突发治安事件紧急预案的编制责任人：_____。

## 9.4 环境保护

9.4.2 施工环保措施计划报送监理人审批的时间：_____。

监理人收到承包人报送的施工环保措施计划后应当在_____天内给予批复。

# 10. 进度计划

## 10.1 合同进度计划

（1）承包人应当在收到监理人按照通用合同条款第11.1.1项发出的开工通知后7天内，编制详细的施工进度计划和施工方案说明并报送监理人。承包人编制施工进度计划和施工方案说明的内容：_____

_____

_____，施工进度计划中还应载明要求发包人组织设计人进行阶段性工程设计交底的时间。

（2）监理人批复或对施工进度计划和施工方案说明提出修改意见的期限：自监理人收到承包人报送的相关进度计划和施工方案说明后14天内。

（3）承包人编制分阶段或分项施工进度计划和施工方案说明的内容：_____

_____。

承包人报送分阶段或分项施工进度计划和施工方案说明的期限：_____

_____。

（4）群体工程中单位工程分期进行施工的，承包人应按照发包人提供图纸及有关资料的时间，按单位工程编制进度计划和施工方案说明。群体工程中有关进度计划和施工方案说明的要求：_____

_____。

## 10.2 合同进度计划的修订

(1) 承包人报送修订合同进度计划申请报告和相关资料的期限：_____。

(2) 监理人批复修订合同进度计划申请报告的期限：_____。

(3) 监理人批复修订合同进度计划的期限：_____。

# 11. 开工和竣工

## 11.3 发包人的工期延误

(7) 因发包人原因不能按照监理人发出的开工通知中载明的开工日期开工。除发包人原因延期开工外，发包人造成工期延误的其他原因还包括：_____

_____等延误承包人关键线路工作的情况。

## 11.4 异常恶劣的气候条件

异常恶劣的气候条件的范围和标准：_____

_____

_____。

## 11.5 承包人的工期延误

由于承包人原因造成不能按期竣工的，在按合同约定确定的竣工日期(包括按合同延长的工期)后 7 天内，监理人应当按通用合同条款第 23.4.1 项的约定书面通知承包人，说明发包人有权得到按本款约定的下列标准和方法计算的逾期竣工违约金，但最终违约金的金额不应超过本款约定的逾期竣工违约金最高限额。监理人未在规定的期限内发出本款约定的书面通知的，发包人丧失主张逾期竣工违约金的权利。

逾期竣工违约金的计算标准：_____。

逾期竣工违约金的计算方法：_____。

逾期竣工违约金最高限额：_____。

## 11.6 工期提前

提前竣工的奖励办法：_____。

## 12. 暂停施工

### 12.1 承包人暂停施工的责任

（5）承包人承担暂停施工责任的其他情形：_____

_____

_____。

### 12.4 暂停施工后的复工

12.4.3 根据通用合同条款第 12.4.1 款的约定，监理人发出复工通知后，监理人应和承包人一起对受到暂停施工影响的工程、材料和工程设备进行检查。承包人负责修复在暂停施工期间发生在工程、材料和工程设备上的任何损蚀、缺陷或损失，修复费用由承担暂停施工责任的责任人承担。

12.4.4 暂停施工持续 56 天以上，按合同约定由承包人提供的材料和工程设备，由于暂停施工原因导致承包人在暂停施工前已经订购但被暂停运至施工现场的，发包人应按照承包人订购合同的约定支付相应的订购款项。

## 13. 工程质量

### 13.2 承包人的质量管理

13.2.1 承包人向监理人提交工程质量保证措施文件的期限：_____。
监理人审批工程质量保证措施文件的期限：_____。

### 13.3 承包人的质量检查

承包人向监理人报送工程质量报表的期限：_____。
承包人向监理人报送工程质量报表的要求：_____。
监理人审查工程质量报表的期限：_____。

### 13.4 监理人的质量检查

承包人应当为监理人的检查和检验提供方便，监理人可以进行察看和查阅施工原始记录的其他地方包括：_____。

### 13.5    工程隐蔽部位覆盖前的检查

13.5.1    监理人对工程隐蔽部位进行检查的期限：_____。

### 13.7    质量争议

发包人和承包人对工程质量有争议的，除可按合同条款第 24 条办理外，监理人可提请合同双方委托有相应资质的工程质量检测机构进行鉴定，所需费用及因此造成的损失，由责任人承担，双方均有责任，由双方根据其责任分别承担。经检测，质量确有缺陷的，已竣工验收或已竣工未验收但实际投入使用的工程，其处理按工程保修书的约定执行；已竣工未验收且未实际投入使用的工程以及停工、停建的工程，根据检测结果确定解决方案，或按工程质量监督机构的处理决定执行。

# 15.  变更

### 15.1    变更的范围和内容

应当进行变更的其他情形：_____

_____。

发包人违背通用合同条款 15.1(1)目的约定，将被取消的合同中的工作转由发包人或其他人实施的，承包人可向监理人发出通知，要求发包人采取有效措施纠正违约行为，发包人在监理人收到承包人通知后 28 天内仍不纠正违约行为的，应当赔偿承包人损失(包括合理的利润)并承担由此引起的其他责任。承包人应当按通用合同条款第 23.1.1(1)目的约定，在上述 28 天期限到期后的 28 天内，向监理人递交索赔意向通知书，并按通用合同条款第 23.1.1(2)目的约定，及时向监理人递交正式索赔通知书，说明有权得到的损失赔偿金额并附必要的记录和证明材料。发包人支付给承包人的损失赔偿金额应当包括被取消工作的合同价值中所包含的承包人管理费、利润以及相应的税金和规费。

### 15.3    变更程序

15.3.2    变更估价

（1）承包人提交变更报价书的期限：_____。

（3）监理人商定或确定变更价格的期限：_____。

（4）收到变更指示后，如承包人未在规定的期限内提交变更报价书的，监理人可自行决定是否调整合同价款以及如果监理人决定调整合同价款时，相应调整的具体金额。

## 15.4 变更的估价原则

15.4.4 因工程量清单漏项（仅适用于合同协议书约定采用单价合同形式时）或变更引起措施项目发生变化，原措施项目费中已有的措施项目，采用原措施项目费的组价方法变更；原措施项目费中没有的措施项目，由承包人根据措施项目变更情况，提出适当的措施项目费变更，由监理人按第3.5款商定或确定变更措施项目的费用。

15.4.5 合同协议书约定采用单价合同形式时，因非承包人原因引起已标价工程量清单中列明的工程量发生增减，且单个子目工程量变化幅度在_____％以内（含）时，应执行已标价工程量清单中列明的该子目的单价；单个子目工程量变化幅度在_____％以外（不含），且导致分部分项工程费总额变化幅度超过_____％时，由承包人提出并由监理人按第3.5款商定或确定新的单价，该子目按修正后的新的单价计价。

15.4.6 因变更引起价格调整的其他处理方式：_____

_____。

## 15.5 承包人的合理化建议

15.5.2 对承包人提出合理化建议的奖励方法：_____

_____。

## 15.8 暂估价

15.8.1 按合同约定应当由发包人和承包人采用招标方式选择专项供应商或专业分包人的，应当由承包人作为招标人，依法组织招标工作并接受有管辖权的建设工程招标投标行政监督部门的监督。与组织招标工作有关的费用应当被认为已经包括在承包人的签约合同价（投标总报价）中：

（1）在任何招标工作启动前，承包人应当提前至少_____天编制招标工作计划并通过监理人报请发包人审批。招标工作计划应当包括招标工作的时间安排、拟采用的招标方式、拟采用的资格审查方法、主要招标过程文件的编制内容、对投标人的资格条件要求、评标标准和方法、评标委员会组成、是否编制招标控制价和(或)标底以及招标控制价和(或)标底编制原则，发包人应当在监理人收到承包人报送的招标工作计划后_____天内给予批准或者提出修改意见。承包人应当严格按照经过发包人批准的招标工作计划开展招标工作。

（2）承包人应当在发出招标公告(或者资格预审公告或者投标邀请书)、资格预审文件和招标文件前至少_____天，分别将相关文件通过监理人报请发包人审批，发包人应当在监理人收到承包人报送的相关文件后_____天内给予批准或者提出修改意见。经发包人批准的相关文件，由承包人负责誊清整理并准备出开展实际招标工作所需要的份数，通过监理人报发包人核查并加盖发包人印章，发包人在相关文件上加盖印章只表明相关文件经过发包人审核批准。最终发出的文件应当分别报送一份给发包人和监理人备查。

（3）如果发、承包任何一方委派评标代表，评标委员会应当由七人以上单数构成。除发包人或者承包人自愿放弃委派评标代表的权利外，招标人评标代表应当分别由发包人和承包人等额委派。

（4）设有标底的，承包人应当在开标前提前48小时将标底报发包人审核认可，发包人应当在收到承包人报送的标底后24小时内给予批准或者提出修改意见。承包人和发包人应当共同制定标底保密措施，不得提前泄露标底。标底的最终审核和决定权属于发包人。

（5）设有招标控制价的，承包人应当在招标文件发出前提前7天将招标控制价报发包人审核认可，发包人应当在收到承包人报送的招标控制价后72小时内给予认可或者提出修改意见。招标控制价的最终审核和决定权属于发包人，未经发包人认可，承包人不得发出招标文件。

（6）承包人在收到相关招标项目评标委员会提交的评标报告后，应当在24小时内通过监理人转报发包人核查，发包人应当在监理人收到承包人报送的评标报告后48小时内核查完毕。评标报告经过发包人核查认可后，承包人才可以开始后续程序，依法确定中标人并发出中标通知书。

（7）承包人与专业分包人或者专项供应商订立合同前_____天，应当将准备用于正式签订的合同文件通过监理人报发包人审核，发包人应当在监理人收到相关文件后_____天内给予批准或者提出修改意见，承包人应当按照发包人批准的合同文件签订相关合同，合同订立后_____天内，承包人应当将其中的两份副本报送监理人，其中一份由监理人报发包人留存。

（8）发包人对承包人报送文件进行审批或提出的修改意见应当合理，并符合现行有关法律法规的规定。

（9）承包人违背本项上述约定的程序或者未履行本项上述约定的报批手续的，发包人有权拒绝对相关专业工程或者涉及相关专项供应的材料和工程设备的工程进行验收和拨付相应工程款项，所造成的费用增加和（或）工期延误由承包人承担。发包人未按本项上述约定履行审批手续的，所造成的费用增加和（或）工期延误由发包人承担。

15.8.3　发包人在工程量清单中给定暂估价的专业工程不属于依法必须招标的范围或者未达到依法必须招标的规模标准的，其最终价格的估价人为：_____或者按照下列约定：_____。

# 16. 价格调整

## 16.1　物价波动引起的价格调整

物价波动引起的价格调整方法：_____。
其他约定：_____。

# 17. 计量与支付

## 17.1　计量

### 17.1.2　计量方法
工程量计算规则执行国家标准《建设工程工程量清单计价规范》（GB 50500—2008)或其适用的修订版本。除合同另有约定外，承包人实际完成的工程量按约定的工程量计算规则和有合同约束力的图纸进行计量。

### 17.1.3　计量周期
（1）本合同的计量周期为月，每月_____日为当月计量截止日期(不含当日)和下月计量起始日期(含当日)。

（2）本合同_____（执行（采用单价合同形式时）/不执行（采用总价合同形式时））通用合同条款本项约定的单价子目计量。总价子目计量方法按专用合同条款第17.1.5项总价子目的计量—_____（支付分解报告/按实际完成工程量计量）。

17.1.5　总价子目的计量—支付分解报告

总价子目按照有合同约束力的支付分解表支付。承包人应根据合同条款第10条约定的合同进度计划和总价子目的总价构成、费用性质、计划发生时间和相应工作量等因素对各个总价子目的总价按月进行分解，形成支付分解报告。承包人应当在收到经过监理人批复的合同进度计划后7天内，将支付分解报告以及形成支付分解报告的分项计量和总价分解等支持性资料报监理人审批，监理人应当在收到承包人报送的支付分解报告后7天内给予批复或提出修改意见，经监理人批准的支付分解报告为有合同约束力的支付分解表。支付分解表应根据合同条款第10.2款约定的修订合同进度计划进行修正，修正的程序和期限应当依照本项上述约定，经修正的支付分解表为有合同约束力的支付分解表。

（1）总价子目的价格调整方法：_____。

（2）列入每月进度付款申请单中各总价子目的价值为有合同约束力的支付分解表中对应月份的总价子目总价值。

（3）监理人根据有合同约束力的支付分解表复核列入每月进度付款申请单中的总价子目的总价值。

（4）除按照第15条约定的变更外，在竣工结算时总价子目的工程量不应当重新计量，签约合同价所基于的工程量即是用于竣工结算的最终工程量。

17.1.5　总价子目的计量—按实际完成工程量计量

（1）总价子目的价格调整方法：_____。总价子目的计量和支付应以总价为基础，对承包人实际完成的工程量进行计量，是进行工程目标管理和控制进度款支付的依据。

（2）承包人在专用合同条款第17.1.3(1)目约定的每月计量截止日期后，对已完成的分部分项工程的子目（包括在工程量清单中给出具体工程量的措施项目的相关子目），按照专用合同条款第17.1.2项约定的计量方法进行计量，对已完成的工程量清单中没有给出具体工程量的措施项目的相关子目，按其总价构成、费用性质和实际发生比例进行计量，向监理人提交进度付款申请单、已完成工程量报表和有关计量资料。

（3）监理人对承包人提交的工程量报表进行复核，以确定实际完成的工程量。对数量有异议的，可要求承包人进行共同复核。承包人应协助监理人进行复核并按监理人要求提供补充计量资料。承包人未按监理人要求参加复核，监理人复核或修正的工程量视为承包人实际完成的工程量。

（4）监理人应在收到承包人提交的工程量报表后的 7 天内进行复核，监理人未在约定时间内复核的，承包人提交的工程量报表中的工程量视为承包人实际完成的工程量，据此计算工程价款。

（5）除按照第 15 条约定的变更外，在竣工结算时总价子目的工程量不应当重新计量，签约合同价所基于的工程量即是用于竣工结算的最终工程量。

## 17.2 预付款

17.2.1 预付款

（1）预付款额度

分部分项工程部分的预付款额度：＿＿＿＿＿＿＿＿＿＿＿＿＿＿＿＿＿＿＿＿。

措施项目部分预付款额度：＿＿＿＿＿＿＿＿＿＿＿＿＿＿＿＿＿＿＿＿＿＿。

其中：安全文明施工费用预付额度：＿＿＿＿＿＿＿＿＿＿＿＿＿＿＿＿＿。

（2）预付办法

预付款预付办法：＿＿＿＿＿＿＿＿＿＿＿＿＿＿＿＿＿＿＿＿＿＿＿＿＿＿。

预付款的支付时间：＿＿＿＿＿＿＿＿＿＿＿＿＿＿＿＿＿＿＿＿＿＿＿＿＿。

安全文明施工费用的预付不受上述预付办法和支付时间约定的制约，发包人应当在不迟于通用合同条款第 11.1.1 项约定的开工日期前的 7 天内将安全文明施工费用的预付款一次性拨付给承包人。

发包人逾期支付合同约定的预付款，除承担通用合同条款第 22.2 款约定的违约责任外，还应向承包人支付按专用合同条款第 17.3.3(2)目约定的标准和方法计算的逾期付款违约金。

17.2.2 预付款保函

预付款保函的金额与预付款金额相同。预付款保函的提交时间：＿＿＿＿＿＿＿＿＿＿＿＿＿＿＿＿＿＿＿＿＿＿＿＿＿＿＿＿＿＿＿＿＿＿＿＿＿＿＿。

预付款保函的担保金额应当根据预付款扣回的金额递减，保函条款中可以设立担保金额递减的条款。发包人在签认每一期进度付款证书后 14 天内，应当以书面方式通知出具预付款保函的担保人并附上一份经其签认的进度付款证书副本，担保人根据发包人的通知和经发包人签认的进度付款证书中累计扣回的预付款金额等额调减预付款保函的担保金额。自担保人收到发包人通知之日起，该经过递减的担保金额为预付款保函担保金额。

17.2.3　预付款的扣回与还清

预付款的扣回办法：_____。

17.2.4　预付款保函的格式

承包人应当按照专用合同条款第 17.2.2 项约定的金额和时间以及发包人在本工程招标文件中规定的或者其他经过发包人事先认可的格式向发包人递交一份无条件兑付的和不可撤销的预付款保函。

17.2.5　预付款保函的有效期

预付款保函的有效期应当自预付款支付给承包人之日起至发包人签认的进度付款证书说明预付款已完全扣清之日止。

17.2.6　发包人的通知义务

不管保函条款中如何约定，发包人根据担保提出索赔或兑现要求之前，均应通知承包人并说明导致此类索赔或兑现的原因，但此类通知不应理解为是在任何意义上寻求承包人的同意。

17.2.7　预付款保函的退还

预付款保函应在发包人签认的进度付款证书说明预付款已完全扣清之日后 14 天内退还给承包人。发包人不承担承包人与预付款保函有关的任何利息或其他类似的费用或者收益。

## 17.3　工程进度付款

17.3.2　进度付款申请单

进度付款申请单的份数：_____。

进度付款申请单的内容：_____。

17.3.3　进度付款证书和支付时间

(2) 发包人未按专用合同条款第 17.2.1(2)目、通用合同条款第 17.3.3(2)目、第 17.5.2(2)目和第 17.6.2(2)目约定的期限支付承包人依合同约定应当得到的款项，应当从应付之日起向承包人支付逾期付款违约金。承包人应当按通用合同条款第 23.1(1)目的约定，在最终付款期限到期后 28 天内，向监理人递交索赔意向通知书，说明有权得到按本款约定的下列标准和方法计算的逾期付款违约金。承包人要求发包人支付逾期付款违约金不影响承包人要求发包人承担通用合同条款第 22.2 款约定的其他违约责任的权利。

逾期付款违约金的计算标准为：_____。

逾期付款违约金的计算方法为：_____

_____。

（4）进度付款涉及政府性资金的支付方法：_____。

17.3.5　临时付款证书

在合同约定的期限内，承包人和监理人无法对当期已完工程量和按合同约定应当支付的其他款项达成一致的，监理人应当在收到承包人报送的进度付款申请单等文件后 14 天内，就承包人没有异议的金额准备一个临时付款证书，报送发包人审查。临时付款证书中应当说明承包人有异议部分的金额及其原因，经发包人签认后，由监理人向承包人出具临时付款证书。发包人应当在监理人收到进度付款申请单后 28 天内，将临时付款证书中确定的应付金额支付给承包人。发包人和监理人均不得以任何理由延期支付工程进度付款。

对临时付款证书中列明的承包人有异议部分的金额，承包人应当按照监理人要求，提交进一步的支持性文件和(或)与监理人做进一步共同复核工作，经监理人进一步审核并认可的应付金额，应当按通用合同条款第 17.3.4 项的约定纳入到下一期进度付款证书中。经过进一步努力，承包人仍有异议的，按合同条款第 24 条的约定办理。

有异议款项中经监理人进一步审核后认可的或者经过合同条款第 24 条约定的争议解决方式确定的应付金额，其应付之日为引发异议的进度付款证书的应付之日，承包人有权得到按专用合同条款 17.3.3(2)目约定计算的逾期付款违约金。

## 17.4　质量保证金

17.4.1　质量保证金由监理人从第一个付款周期开始按进度付款证书确认的已实施工程的价款、根据合同条款第 15 条增加和扣减的变更金额、根据合同条款第 23 条增加和扣减的索赔金额以及根据合同应增加和扣减的其他金额（不包括预付款的支付、返还、合同条款第 16 条约定的价格调整金额、此前已经按合同约定支付给承包人的进度款以及已经扣留的质量保证金）的总额的百分之五(5%)扣留，直至质量保证金累计扣留金额达到签约合同价的百分之五(5%)为止。

## 17.5 竣工结算

### 17.5.1 竣工付款申请单

承包人提交竣工付款申请单的份数：_____。

承包人提交竣工付款申请单的期限：_____。

竣工付款申请单的内容：_____。

承包人未按本项约定的期限和内容提交竣工付款申请单或者未按通用合同条款第17.5.1(2)目约定提交修正后的竣工付款申请单，经监理人催促后14天内仍未提交或者没有明确答复的，监理人和发包人有权根据已有资料进行审查，审查确定的竣工结算合同总价和竣工付款金额视同是经承包人认可的工程竣工结算合同总价和竣工付款金额。

不管通用合同条款17.5.2项如何约定，发包人和承包人应当在监理人颁发(出具)工程接收证书后56天内办清竣工结算和竣工付款。

## 17.6 最终结清

### 17.6.1 最终结清申请单

承包人提交最终结清申请单的份数：_____。

承包人提交最终结清申请单的期限：_____。

# 18. 竣工验收

## 18.2 竣工验收申请报告

(2) 承包人负责整理和提交的竣工验收资料应当符合工程所在地建设行政主管部门和(或)城市建设档案管理机构有关施工资料的要求，具体内容包括：_____。

竣工验收资料的份数：_____。

竣工验收资料的费用支付方式：_____。

## 18.3 验收

18.3.5 经验收合格的工程，实际竣工日期为承包人按照第18.2款提交竣工验收申请报告或按照本款重新提交竣工验收申请报告的日期(以两者中时间在后者为准)。

## 18.5　施工期运行

18.5.1　需要施工期运行的单位工程或设备安装工程：＿＿＿＿＿＿＿＿＿。

## 18.6　试运行

18.6.1　工程及工程设备试运行的组织与费用承担

(1)工程设备安装具备单机无负荷试运行条件，由承包人组织试运行，费用由承包人承担。

(2)工程设备安装具备无负荷联动试运行条件，由发包人组织试运行，费用由发包人承担。

(3)投料试运行应在工程竣工验收后由发包人负责，如发包人要求在工程竣工验收前进行或需要承包人配合时，应征得承包人同意，另行签订补充协议。

## 18.7　竣工清场

18.7.1　监理人颁发(出具)工程接收证书后，承包人负责按照通用合同条款本项约定的要求对施工场地进行清理并承担相关费用，直至监理人检验合格为止。

## 18.8　施工队伍的撤离

承包人按照通用合同条款第18.8款约定撤离施工场地(现场)时，监理人和承包人应当办理永久工程和施工场地移交手续，移交手续以书面方式出具，并分别经过发包人、监理人和承包人的签认。但是，监理人和发包人未按专用合同条款17.5.1项约定的期限办清竣工结算和竣工付款的，本工程不得交付使用，发包人和监理人也无权要求承包人按合同约定的期限撤离施工场地(现场)和办理工程移交手续。

缺陷责任期满时，承包人可以继续在施工场地保留的人员和施工设备以及最终撤离的期限：＿＿＿＿＿＿＿＿＿＿＿＿＿＿＿＿＿＿＿＿＿＿＿＿＿＿＿

＿＿＿＿＿＿＿＿＿＿＿＿＿＿＿＿＿＿＿＿＿＿＿＿＿＿＿＿＿＿。

## 18.9　中间验收

本工程需要进行中间验收的部位如下：

_____。

当工程进度达到本款约定的中间验收部位时，承包人应当进行自检，并在中间验收前 48 小时以书面形式通知监理人验收。书面通知应包括中间验收的内容、验收时间和地点。承包人应当准备验收记录。只有监理人验收合格并在验收记录上签字后，承包人方可继续施工。验收不合格的，承包人在_____期限内进行修改后重新验收。

监理人不能按时进行验收的，应在验收前 24 小时以书面形式向承包人提出延期要求，延期不能超过 48 小时。监理人未能按本款约定的时限提出延期要求，又未按期进行验收的，承包人可自行组织验收，监理人必须认同验收记录。

经监理人验收后工程质量符合约定的验收标准，但验收 24 小时后监理人仍不在验收记录上签字的，视为监理人已经认可验收记录，承包人可继续施工。

## 19. 缺陷责任与保修责任

### 19.7 保修责任

(1) 工程质量保修范围：_____。

(2) 工程质量保修期限：_____。

(3) 工程质量保修责任：_____。

质量保修书是竣工验收申请报告的组成内容。承包人应当按照有关法律法规规定和合同所附的格式出具质量保修书，质量保修书的主要内容应当与本款上述约定内容一致。承包人在递交合同条款第 18.2 款约定的竣工验收报告的同时，将质量保修书一并报送监理人。

## 20. 保险

### 20.1 工程保险

本工程_____（投保/不投保）工程保险。投保工程保险时，险种为：_____，并符合以下约定。

(1) 投保人：_____。

（2）投保内容：_____。

（3）保险费率：由投保人与合同双方同意的保险人商定。

（4）保险金额：_____。

（5）保险期限：_____。

## 20.4 第三者责任险

20.4.2 保险金额：_____，保险费率由承包人与发包人同意的保险人商定，相关保险费由_____承担。

## 20.5 其他保险

承包人应为其施工设备、进场材料和工程设备等办理的保险：_____
_____。

## 20.6 对各项保险的一般要求

20.6.1 保险凭证
承包人向发包人提交各项保险生效的证据和保险单副本的期限：_____
_____。

20.6.4 保险金不足的补偿
保险金不足以补偿损失时，承包人和发包人负责补偿的责任分摊：_____
_____。

# 21. 不可抗力

## 21.1 不可抗力的确认

21.1.1 通用合同条款第 21.1.1 项约定的不可抗力以外的其他情形：_____
_____。

不可抗力的等级范围约定：_____
_____。

## 21.3 不可抗力后果及其处理

21.3.1 不可抗力造成损害的责任

不可抗力导致的人员伤亡、财产损失、费用增加和(或)工期延误等后果，由合同双方按通用合同条款第 21.3.1 项约定的原则承担。

## 24. 争议的解决

### 24.1 争议的解决方式

因本合同引起的或与本合同有关的任何争议，合同双方友好协商不成、不愿提请争议组评审或者不愿接受争议评审组意见的，选择下列第_____种方式解决：

____（壹）____提请_____仲裁委员会按照该会仲裁规则进行仲裁，仲裁裁决是终局的，对合同双方均有约束力。

____（贰）____向有管辖权的人民法院提起诉讼。

### 24.3 争议评审

24.3.4 争议评审组邀请合同双方代表人和有关人员举行调查会的期限：___。

24.3.5 争议评审组在调查会后作出争议评审意见的期限：_____。

# 第三节 合同附件格式

## 附件一：合同协议书

# 合 同 协 议 书

编号：＿＿＿＿＿＿

发包人（全称）：＿＿＿＿＿＿＿＿＿＿＿＿＿＿＿＿＿＿＿＿＿＿＿

法定代表人：＿＿＿＿＿＿＿＿＿＿＿＿＿＿＿＿＿＿＿＿＿＿＿＿＿

法定注册地址：＿＿＿＿＿＿＿＿＿＿＿＿＿＿＿＿＿＿＿＿＿＿＿＿

承包人（全称）：＿＿＿＿＿＿＿＿＿＿＿＿＿＿＿＿＿＿＿＿＿＿＿

法定代表人：＿＿＿＿＿＿＿＿＿＿＿＿＿＿＿＿＿＿＿＿＿＿＿＿＿

法定注册地址：＿＿＿＿＿＿＿＿＿＿＿＿＿＿＿＿＿＿＿＿＿＿＿＿

发包人为建设＿＿＿＿＿＿＿＿＿＿＿（以下简称"本工程"），已接受承包人提出的承担本工程的施工、竣工、交付并维修其任何缺陷的投标。依照《中华人民共和国招标投标法》、《中华人民共和国合同法》、《中华人民共和国建筑法》、及其他有关法律、行政法规，遵循平等、自愿、公平和诚实信用的原则，双方共同达成并订立如下协议。

一、工程概况

工程名称：＿＿＿＿＿＿（项目名称）＿＿＿＿＿＿＿＿＿＿标段

工程地点：＿＿＿＿＿＿＿＿＿＿＿＿＿＿＿＿＿＿＿＿＿＿＿＿＿

工程内容：＿＿＿＿＿＿＿＿＿＿＿＿＿＿＿＿＿＿＿＿＿＿＿＿＿

群体工程应附"承包人承揽工程项目一览表"（附件1）

工程立项批准文号：＿＿＿＿＿＿＿＿＿＿＿＿＿＿＿＿＿＿＿＿

资金来源：＿＿＿＿＿＿＿＿＿＿＿＿＿＿＿＿＿＿＿＿＿＿＿＿＿

二、工程承包范围

承包范围：＿＿＿＿＿＿＿＿＿＿＿＿＿＿＿＿＿＿＿＿＿＿＿＿＿

详细承包范围见第七章"技术标准和要求"。

三、合同工期

计划开工日期：＿＿＿＿＿年＿＿＿＿＿月＿＿＿＿＿日

计划竣工日期：_____年_____月_____日

工期总日历天数_____天，自监理人发出的开工通知中载明的开工日期起算。

四、质量标准

工程质量标准：_____

五、合同形式

本合同采用_____合同形式。

六、签约合同价

金额（大写）：_____元（人民币）

　（小写）￥：_____元

其中：安全文明施工费：_____元

　　　暂列金额：_____元（其中计日工金额_____元）

　　　材料和工程设备暂估价：_____元

　　　专业工程暂估价：_____元

七、承包人项目经理：

姓名：_____；　　职称：_____；

身份证号：_____；　　建造师执业资格证书号：_____；

建造师注册证书号：_____。

建造师执业印章号：_____。

安全生产考核合格证书号：_____。

八、合同文件的组成

下列文件共同构成合同文件：

1. 本协议书；

2. 中标通知书；

3. 投标函及投标函附录；

4. 专用合同条款；

5. 通用合同条款；

6. 技术标准和要求；

7. 图纸；

8. 已标价工程量清单；

9. 其他合同文件。

上述文件互相补充和解释，如有不明确或不一致之处，以合同约定次序在先者为准。

九、本协议书中有关词语定义与合同条款中的定义相同。

十、承包人承诺按照合同约定进行施工、竣工、交付并在缺陷责任期内对工程缺陷承担维修责任。

十一、发包人承诺按照合同约定的条件、期限和方式向承包人支付合同价款。

十二、本协议书连同其他合同文件正本一式两份，合同双方各执一份；副本一式_____份，其中一份在合同报送建设行政主管部门备案时留存。

十三、合同未尽事宜，双方另行签订补充协议，但不得背离本协议第八条所约定的合同文件的实质性内容。补充协议是合同文件的组成部分。


发包人：_____（盖单位章）　　承包人：_____（盖单位章）

法定代表人或其　　　　　　　　　　　　　法定代表人或其

委托代理人：_____（签字）　　　　　委托代理人：_____（签字）

_____年_____月_____日　　　　　　　　_____年_____月_____日

签约地点：_____

## 附件二：承包人提供的材料和工程设备一览表

| 序号 | 材料设备名称 | 规格型号 | 单位 | 数量 | 单价 | 交货方式 | 交货地点 | 计划交货时间 | 备注 |
|---|---|---|---|---|---|---|---|---|---|
|  |  |  |  |  |  |  |  |  |  |
|  |  |  |  |  |  |  |  |  |  |
|  |  |  |  |  |  |  |  |  |  |
|  |  |  |  |  |  |  |  |  |  |
|  |  |  |  |  |  |  |  |  |  |
|  |  |  |  |  |  |  |  |  |  |
|  |  |  |  |  |  |  |  |  |  |
|  |  |  |  |  |  |  |  |  |  |
|  |  |  |  |  |  |  |  |  |  |
|  |  |  |  |  |  |  |  |  |  |
|  |  |  |  |  |  |  |  |  |  |
|  |  |  |  |  |  |  |  |  |  |
|  |  |  |  |  |  |  |  |  |  |
|  |  |  |  |  |  |  |  |  |  |
|  |  |  |  |  |  |  |  |  |  |
|  |  |  |  |  |  |  |  |  |  |
|  |  |  |  |  |  |  |  |  |  |
|  |  |  |  |  |  |  |  |  |  |
|  |  |  |  |  |  |  |  |  |  |
|  |  |  |  |  |  |  |  |  |  |
|  |  |  |  |  |  |  |  |  |  |
|  |  |  |  |  |  |  |  |  |  |
|  |  |  |  |  |  |  |  |  |  |
|  |  |  |  |  |  |  |  |  |  |
|  |  |  |  |  |  |  |  |  |  |
|  |  |  |  |  |  |  |  |  |  |
|  |  |  |  |  |  |  |  |  |  |
|  |  |  |  |  |  |  |  |  |  |

## 附件三：发包人提供的材料和工程设备一览表

| 序号 | 材料设备名称 | 规格型号 | 单位 | 数量 | 单价 | 交货方式 | 交货地点 | 计划交货时间 | 备注 |
|---|---|---|---|---|---|---|---|---|---|
|  |  |  |  |  |  |  |  |  |  |
|  |  |  |  |  |  |  |  |  |  |
|  |  |  |  |  |  |  |  |  |  |
|  |  |  |  |  |  |  |  |  |  |
|  |  |  |  |  |  |  |  |  |  |
|  |  |  |  |  |  |  |  |  |  |
|  |  |  |  |  |  |  |  |  |  |
|  |  |  |  |  |  |  |  |  |  |
|  |  |  |  |  |  |  |  |  |  |
|  |  |  |  |  |  |  |  |  |  |
|  |  |  |  |  |  |  |  |  |  |
|  |  |  |  |  |  |  |  |  |  |
|  |  |  |  |  |  |  |  |  |  |
|  |  |  |  |  |  |  |  |  |  |
|  |  |  |  |  |  |  |  |  |  |
|  |  |  |  |  |  |  |  |  |  |
|  |  |  |  |  |  |  |  |  |  |
|  |  |  |  |  |  |  |  |  |  |
|  |  |  |  |  |  |  |  |  |  |
|  |  |  |  |  |  |  |  |  |  |
|  |  |  |  |  |  |  |  |  |  |
|  |  |  |  |  |  |  |  |  |  |
|  |  |  |  |  |  |  |  |  |  |
|  |  |  |  |  |  |  |  |  |  |
|  |  |  |  |  |  |  |  |  |  |
|  |  |  |  |  |  |  |  |  |  |
|  |  |  |  |  |  |  |  |  |  |
|  |  |  |  |  |  |  |  |  |  |
|  |  |  |  |  |  |  |  |  |  |
|  |  |  |  |  |  |  |  |  |  |

  **备注**：除合同另有约定外，本表所列发包人供应材料和工程设备的数量不考虑施工损耗，施工损耗被认为已经包括在承包人的投标价格中。

## 附件四：预付款担保格式

## 预 付 款 担 保

保函编号：＿＿＿＿＿＿

＿＿＿＿＿＿＿＿＿＿（发包人名称）：

鉴于你方作为发包人已经与＿＿＿＿＿＿（承包人名称）（以下称"承包人"）于＿＿＿＿年＿＿＿月＿＿＿日签订了＿＿＿＿＿＿（工程名称）施工承包合同（以下称"主合同"）。

鉴于该主合同规定，你方将支付承包人一笔金额为＿＿＿＿（大写：＿＿＿＿＿＿）的预付款（以下称"预付款"），而承包人须向你方提供与预付款等额的不可撤消和无条件兑现的预付款保函。

我方受承包人委托，为承包人履行主合同规定的义务作出如下不可撤销的保证：

我方将在收到你方提出要求收回上述预付款金额的部分或全部的索偿通知时，无须你方提出任何证明或证据，立即无条件地向你方支付不超过＿＿＿＿＿＿＿（大写：＿＿＿＿＿＿）或根据本保函约定递减后的其他金额的任何你方要求的金额，并放弃向你方追索的权力。

我方特此确认并同意：我方受本保函制约的责任是连续的，主合同的任何修改、变更、中止、终止或失效都不能削弱或影响我方受本保函制约的责任。

在收到你方的书面通知后，本保函的担保金额将根据你方依主合同签认的进度付款证书中累计扣回的预付款金额作等额调减。

本保函自预付款支付给承包人起生效，至你方签发的进度付款证书说明已抵扣完毕止。除非你方提前终止或解除本保函。本保函失效后请将本保函退回我方注销。

本保函项下所有权利和义务均受中华人民共和国法律管辖和制约。

担保人：＿＿＿＿＿＿＿＿＿＿＿＿＿＿＿＿＿＿（盖单位章）

法定代表人或其委托代理人：＿＿＿＿＿＿＿＿＿（签字）

地　　址：_____

邮政编码：_____

电　　话：_____

传　　真：_____

_____年_____月_____日

备注：本预付款担保格式可采用经发包人认可的其他格式，但相关内容不得违背合同文件约定的实质性内容。

## 附件五：履约担保格式

## 承包人履约保函

_____（发包人名称）：

鉴于你方作为发包人已经与_____（承包人名称）（以下称"承包人"）于_____年_____月_____日签订了_____（工程名称）施工承包合同（以下称"主合同"），应承包人申请，我方愿就承包人履行主合同约定的义务以保证的方式向你方提供如下担保：

**一、保证的范围及保证金额**

我方的保证范围是承包人未按照主合同的约定履行义务，给你方造成的实际损失。

我方保证的金额是主合同约定的合同总价款_____％，数额最高不超过人民币_____元（大写）。

**二、保证的方式及保证期间**

我方保证的方式为：连带责任保证。

我方保证的期间为：自本合同生效之日起至主合同约定的工程竣工日期后_____日内。

你方与承包人协议变更工程竣工日期的，经我方书面同意后，保证期间按照变更后的竣工日期做相应调整。

**三、承担保证责任的形式**

我方按照你方的要求以下列方式之一承担保证责任：

（1）由我方提供资金及技术援助，使承包人继续履行主合同义务，支付金额不超过本保函第一条规定的保证金额。

（2）由我方在本保函第一条规定的保证金额内赔偿你方的损失。

**四、代偿的安排**

你方要求我方承担保证责任的，应向我方发出书面索赔通知及承包人未履行主合同约定义务的证明材料。索赔通知应写明要求索赔的金额，支付款项应到达的账号，并附有说明承包人违反主合同造成你方损失情况的证明材料。

你方以工程质量不符合主合同约定标准为由，向我方提出违约索赔的，还需同时提供符合相应条件要求的工程质量检测部门出具的质量说明材料。

我方收到你方的书面索赔通知及相应证明材料后，在＿＿＿工作日内进行核定后按照本保函的承诺承担保证责任。

**五、保证责任的解除**

1. 在本保函承诺的保证期间内，你方未书面向我方主张保证责任的，自保证期间届满次日起，我方保证责任解除。

2. 承包人按主合同约定履行了义务的，自本保函承诺的保证期间届满次日起，我方保证责任解除。

3. 我方按照本保函向你方履行保证责任所支付的金额达到本保函保证金额时，自我方向你方支付(支付款项从我方账户划出)之日起，保证责任即解除。

4. 按照法律法规的规定或出现应解除我方保证责任的其他情形的，我方在本保函项下的保证责任亦解除。

我方解除保证责任后，你方应自我方保证责任解除之日起＿＿＿个工作日内，将本保函原件返还我方。

**六、免责条款**

1. 因你方违约致使承包人不能履行义务的，我方不承担保证责任。

2. 依照法律法规的规定或你方与承包人的另行约定，免除承包人部分或全部义务的，我方亦免除其相应的保证责任。

3. 你方与承包人协议变更主合同(符合主合同合同条款第 15 条约定的变更除外)，如加重承包人责任致使我方保证责任加重的，需征得我方书面同意，否则我方不再承担因此而加重部分的保证责任。

4. 因不可抗力造成承包人不能履行义务的，我方不承担保证责任。

**七、争议的解决**

因本保函发生的纠纷，由贵我双方协商解决，协商不成的，任何一方均可提请＿＿＿＿＿＿仲裁委员会仲裁。

**八、保函的生效**

本保函自我方法定代表人(或其授权代理人)签字或加盖公章并交付你方之日起生效。

本条所称交付是指：＿＿＿＿＿＿＿＿＿＿＿＿＿＿＿＿＿＿＿＿＿＿＿＿＿＿＿＿。

担保人：_____（盖单位章）

法定代表人或其委托代理人：_____（签字）

地　　址：_____

邮政编码：_____

电　　话：_____

传　　真：_____

_____年_____月_____日

备注：本履约担保格式可以采用经发包人同意的其他格式，但相关内容不得违背合同约定的实质性内容。

## 附件六：支付担保格式

## 发包人支付保函

_____（承包人）：

鉴于你方作为承包人已经与_____（发包人名称）（以下称“发包人”）于_____年_____月_____日签订了_____（工程名称）施工承包合同（以下称“主合同”），应发包人的申请，我方愿就发包人履行主合同约定的工程款支付义务以保证的方式向你方提供如下担保：

**一、保证的范围及保证金额**

我方的保证范围是主合同约定的工程款。

本保函所称主合同约定的工程款是指主合同约定的除工程质量保证金以外的合同价款。

我方保证的金额是主合同约定的工程款的_____％，数额最高不超过人民币____元（大写：_____）。

**二、保证的方式及保证期间**

我方保证的方式为：连带责任保证。

我方保证的期间为：自本合同生效之日起至主合同约定的工程款支付之日后_____日内。

你方与发包人协议变更工程款支付日期的，经我方书面同意后，保证期间按照变更后的支付日期做相应调整。

**三、承担保证责任的形式**

我方承担保证责任的形式是代为支付。发包人未按主合同约定向你方支付工程款的，由我方在保证金额内代为支付。

**四、代偿的安排**

你方要求我方承担保证责任的，应向我方发出书面索赔通知及发包人未支付主合同约定工程款的证明材料。索赔通知应写明要求索赔的金额，支付款项应到达的账号。

在出现你方与发包人因工程质量发生争议，发包人拒绝向你方支付工程款的情形时，你方要求我方履行保证责任代为支付的，还需提供项目总监理工程师、监理人或符合相应条件要求的工程质量检测机构出具的质量说明材料。

我方收到你方的书面索赔通知及相应证明材料后，在____个工作日内进行核定后按照本保函的承诺承担保证责任。

### 五、保证责任的解除

1. 在本保函承诺的保证期间内，你方未书面向我方主张保证责任的，自保证期间届满次日起，我方保证责任解除。

2. 发包人按主合同约定履行了工程款的全部支付义务的，自本保函承诺的保证期间届满次日起，我方保证责任解除。

3. 我方按照本保函向你方履行保证责任所支付金额达到本保函保证金额时，自我方向你方支付(支付款项从我方账户划出)之日起，保证责任即解除。

4. 按照法律法规的规定或出现应解除我方保证责任的其他情形的，我方在本保函项下的保证责任亦解除。

我方解除保证责任后，你方应自我方保证责任解除之日起____个工作日内，将本保函原件返还我方。

### 六、免责条款

1. 因你方违约致使发包人不能履行义务的，我方不承担保证责任。

2. 依照法律法规的规定或你方与发包人的另行约定，免除发包人部分或全部义务的，我方亦免除其相应的保证责任。

3. 你方与发包人协议变更主合同的(符合主合同合同条款第15条约定的变更除外)，如加重发包人责任致使我方保证责任加重的，需征得我方书面同意，否则我方不再承担因此而加重部分的保证责任。

4. 因不可抗力造成发包人不能履行义务的，我方不承担保证责任。

### 七、争议的解决

因本保函发生的纠纷，由贵我双方协商解决，协商不成的，任何一方均可提请_____仲裁委员会仲裁。

### 八、保函的生效

本保函自我方法定代表人(或其授权代理人)签字或加盖公章并交付你方之日起生效。

本条所称交付是指：_____。

担保人：_____（盖单位章）

法定代表人或其委托代理人：_____（签字）

地　　址：_____

邮政编码：_____

电　　话：_____

传　　真：_____

_____年_____月_____日


　　**备注：**本支付担保格式可采用经承包人同意的其他格式，但相关约定应当与履约担保对等。

## 附件七：质量保修书格式

## 房屋建筑工程质量保修书

发包人：_____

承包人：_____

发包人、承包人根据《中华人民共和国建筑法》、《建设工程质量管理条例》和《房屋建筑工程质量保修办法》，经协商一致，对_____（工程名称）签订保修书。

### 一、工程保修范围和内容

承包人在保修期内，按照有关法律、法规、规章的管理规定和双方约定，承担本工程保修责任。

保修责任范围包括地基基础工程、主体结构工程，屋面防水工程、有防水要求的卫生间、房间和外墙面的防渗漏，供热与供冷系统，电气管线、给排水管道、设备安装和装修工程，以及双方约定的其他项目。具体保修的内容，双方约定如下：

_____

_____

_____

_____。

### 二、保修期

双方根据《建设工程质量管理条例》及有关规定，约定本工程的保修期如下：

1. 地基基础工程和主体结构工程为设计文件规定的该工程合理使用年限；

2. 屋面防水工程、有防水要求的卫生间、房间和外墙面的防渗漏为_____年；

3. 装修工程为_____年；

4. 电气管线、给排水管道、设备安装工程为_____年；

5. 供热与供冷系统为_____个采暖期、供冷期；

6. 住宅小区内的给排水设施、道路等配套工程为_____年；

7. 其他项目保修期限约定如下：

144

_____
_____
_____
_____。

### 三、保修责任

1. 属于责任范围、内容的项目，承包人应当在接到保修通知之日起 7 天内派人保修。承包人不在约定期限内派人保修的，发包人可以委托他人修理。

2. 发生紧急抢修事故的，承包人在接到事故通知后，应当立即到达事故现场抢修。

3. 对于涉及结构安全的质量问题，应当按照《房屋建筑工程质量保修办法》的规定，立即向当地建设行政主管部门报告，采取安全防范措施；由原设计人或者具有相应资质等级的设计人提出保修方案，承包人实施保修。

4. 质量保修完成后，由发包人组织验收。

### 四、保修费用

保修费用由造成质量缺陷的责任方承担。

### 五、其他

双方约定的其他工程保修责任事项：

_____
_____
_____
_____。

本工程保修书，由施工合同发包人、承包人双方在竣工验收前共同签署，作为施工合同附件，其有效期限至保修期满。

发包人：_____（公章）　　承包人：_____（公章）

法定地址：_____　　　　　　法定地址：_____

法定代表人或其　　　　　　　　　　法定代表人或其

委托代理人：_____（签字）　委托代理人：_____（签字）

电话：_____　　　　　　电话：_____

传真：_____  传真：_____

电子邮箱：_____  电子邮箱：_____

开户银行：_____  开户银行：_____

账号：_____  账号：_____

邮政编码：_____  邮政编码：_____

## 附件八：廉政责任书格式

## 建设工程廉政责任书

发包人：_____

承包人：_____

为加强建设工程廉政建设，规范建设工程各项活动中发包人承包人双方的行为，防止谋取不正当利益的违法违纪现象的发生，保护国家、集体和当事人的合法权益，根据国家有关工程建设的法律法规和廉政建设的有关规定，订立本廉政责任书。

**一、双方的责任**

1.1　应严格遵守国家关于建设工程的有关法律、法规，相关政策，以及廉政建设的各项规定。

1.2　严格执行建设工程合同文件，自觉按合同办事。

1.3　各项活动必须坚持公开、公平、公正、诚信、透明的原则（除法律法规另有规定者外），不得为获取不正当的利益，损害国家、集体和对方利益，不得违反建设工程管理的规章制度。

1.4　发现对方在业务活动中有违规、违纪、违法行为的，应及时提醒对方，情节严重的，应向其上级主管部门或纪检监察、司法等有关机关举报。

**二、发包人责任**

发包人的领导和从事该建设工程项目的工作人员，在工程建设的事前、事中、事后应遵守以下规定：

2.1　不得向承包人和相关单位索要或接受回扣、礼金、有价证券、贵重物品和好处费、感谢费等。

2.2　不得在承包人和相关单位报销任何应由发包人或个人支付的费用。

2.3　不得要求、暗示或接受承包人和相关单位为个人装修住房、婚丧嫁娶、配偶子女的工作安排以及出国（境）、旅游等提供方便。

2.4　不得参加有可能影响公正执行公务的承包人和相关单位的宴请、健身、娱乐等活动。

2.5 不得向承包人和相关单位介绍或为配偶、子女、亲属参与同发包人工程建设管理合同有关的业务活动；不得以任何理由要求承包人和相关单位使用某种产品、材料和设备。

**三、承包人责任**

应与发包人保持正常的业务交往，按照有关法律法规和程序开展业务工作，严格执行工程建设的有关方针、政策，执行工程建设强制性标准，并遵守以下规定：

3.1 不得以任何理由向发包人及其工作人员索要、接受或赠送礼金、有价证券、贵重物品及回扣、好处费、感谢费等。

3.2 不得以任何理由为发包人和相关单位报销应由对方或个人支付的费用。

3.3 不得接受或暗示为发包人、相关单位或个人装修住房、婚丧嫁娶、配偶子女的工作安排以及出国(境)、旅游等提供方便。

3.4 不得以任何理由为发包人、相关单位或个人组织有可能影响公正执行公务的宴请、健身、娱乐等活动。

**四、违约责任**

4.1 发包人工作人员有违反本责任书第一、二条责任行为的，依据有关法律、法规给予处理；涉嫌犯罪的，移交司法机关追究刑事责任；给承包人单位造成经济损失的，应予以赔偿。

4.2 承包人工作人员有违反本责任书第一、三条责任行为的，依据有关法律法规处理；涉嫌犯罪的，移交司法机关追究刑事责任；给发包人单位造成经济损失的，应予以赔偿。

4.3 本责任书作为建设工程合同的组成部分，与建设工程合同具有同等法律效力。经双方签署后立即生效。

**五、责任书有效期**

本责任书的有效期为双方签署之日起至该工程项目竣工验收合格时止。

**六、责任书份数**

本责任书一式二份，发包人承包人各执一份，具有同等效力。

发包人：_____(公章)  承包人：_____(公章)

法定地址：_____  法定地址：_____

法定代表人或其  法定代表人或其

委托代理人：＿＿＿＿＿＿＿（签字）　　　委托代理人：＿＿＿＿＿＿＿（签字）

电话：＿＿＿＿＿＿＿＿＿　　　　　　　　电话：＿＿＿＿＿＿＿＿＿

传真：＿＿＿＿＿＿＿＿＿　　　　　　　　传真：＿＿＿＿＿＿＿＿＿

电子邮箱：＿＿＿＿＿＿＿＿＿　　　　　　电子邮箱：＿＿＿＿＿＿＿＿＿

开户银行：＿＿＿＿＿＿＿＿＿　　　　　　开户银行：＿＿＿＿＿＿＿＿＿

账号：＿＿＿＿＿＿＿＿＿　　　　　　　　账号：＿＿＿＿＿＿＿＿＿

邮政编码：＿＿＿＿＿＿＿＿＿　　　　　　邮政编码：＿＿＿＿＿＿＿＿＿

# 第五章  工程量清单

# 第五章 工程量清单

## 1. 工程量清单说明

1.1 本工程量清单是依据中华人民共和国国家标准《建设工程工程量清单计价规范》(以下简称"计价规范")以及招标文件中包括的图纸等编制。计价规范中规定的工程量计算规则中没有的子目,应在本章第1.4款约定;计价规范中规定的工程量计算规则中没有且本章第1.4款也未约定的,双方协商确定;协商不成的,可向省级或行业工程造价管理机构申请裁定或按照有合同约束力的图纸所标示尺寸的理论净量计算。计量采用中华人民共和国法定的基本计量单位。

1.2 本工程量清单应与招标文件中的投标人须知、通用合同条款、专用合同条款、技术标准和要求及图纸等章节内容一起阅读和理解。

1.3 本工程量清单仅是投标报价的共同基础,竣工结算的工程量按合同约定确定。合同价格的确定以及价款支付应遵循合同条款(包括通用合同条款和专用合同条款)、技术标准和要求以及本章的有关约定。

1.4 补充子目的子目特征、计量单位、工程量计算规则及工作内容说明如下:

_____

_____。

1.5 本条第1.1款中约定的计量和计价规则适用于合同履约过程中工程量计量与价款支付、工程变更、索赔和工程结算。

1.6 本条与下述第2条和第3条的说明内容是构成合同文件的已标价工程量清单的组成部分。

## 2. 投标报价说明

2.1 投标报价应根据招标文件中的有关计价要求,并按照下列依据自主报价:

(1) 本招标文件;

(2)《建设工程工程量清单计价规范》;

(3) 国家或省级、行业建设主管部门颁发的计价办法;

（4）企业定额，国家或省级、行业建设主管部门颁发的计价定额；

（5）招标文件（包括工程量清单）的澄清、补充和修改文件；

（6）建设工程设计文件及相关资料；

（7）施工现场情况、工程特点及拟定的投标施工组织设计或施工方案；

（8）与建设项目相关的标准、规定等技术资料；

（9）市场价格信息或工程造价管理机构发布的工程造价信息；

（10）其他的相关资料。

2.2 工程量清单中的每一子目须填入单价或价格，且只允许有一个报价。

2.3 工程量清单中标价的单价或金额，应包括所需人工费、材料费、施工机械使用费和管理费及利润，以及一定范围内的风险费用。所谓"一定范围内的风险"是指合同约定的风险。

2.4 已标价工程量清单中投标人没有填入单价或价格的子目，其费用视为已分摊在工程量清单中其他已标价的相关子目的单价或价格之中。

2.5 "投标报价汇总表"中的投标总价由分部分项工程费、措施项目费、其他项目费、规费和税金组成，并且"投标报价汇总表"中的投标总价应当与构成已标价工程量清单的分部分项工程费、措施项目费、其他项目费、规费、税金的合计金额一致。

2.6 分部分项工程项目按下列要求报价：

2.6.1 分部分项工程量清单计价应依据计价规范中关于综合单价的组成内容确定报价。

2.6.2 如果分部分项工程量清单中涉及"材料和工程设备暂估单价表"中列出的材料和工程设备，则按照本节第3.3.2项的报价原则，将该类材料和工程设备的暂估单价本身以及除对应的规费及税金以外的费用计入分部分项工程量清单相应子目的综合单价。

2.6.3 如果分部分项工程量清单中涉及"发包人提供的材料和工程设备一览表"（见第四章合同条款及格式第三节附件三）中列出的材料和工程设备，则该类材料和工程设备供应至现场指定位置的采购供应价本身不计入投标报价，但应将该类材料和工程设备的安装、安装所需要的辅助材料、安装损耗以及其他必要的辅助工作及其对应的管理费及利润计入分部分项工程量清单相应子目的综合单价，并其他项目清单报价中计取与合同约定服务内容相对应的总承包服务费。

2.6.4 "分部分项工程量清单与计价表"所列各子目的综合单价组成中，各子目的人工、材料和机械台班消耗量由投标人按照其自身情况做充分的、竞争性考虑。材料消耗量包括损耗量。

2.6.5 投标人在投标文件中提交并构成合同文件的"主要材料和工程设备选用表"中所列的材料和工程设备的价格是指此类材料和工程设备到达施工现场指定堆放地点的落地价格，即包括采购、包装、运输、装卸、堆放等到达施工现场指定落地或堆放地点之前的全部费用，但不包括落地之后发生的仓储、保管、库损以及从堆放地点运至安装地点的二次搬运费用。"主要材料和工程设备选用表"中所列材料和工程设备的价格应与构成综合单价相应材料或工程设备的价格一致。落地之后发生的仓储、保管、库损以及从堆放地点运至安装地点的二次搬运等其他费用均应在投标报价中考虑。

2.7 措施项目按下列要求报价：

2.7.1 措施项目清单计价应根据投标人的施工组织设计进行报价。可以计量工程量的措施项目，应按分部分项工程量清单的方式采用综合单价计价；其余的措施项目可以"项"为单位的方式计价。投标人所填报价格应包括除规费、税金外的全部费用。

2.7.2 措施项目清单中的安全文明施工费应按国家、省级或行业建设主管部门的规定计价，不得作为竞争性费用。

2.7.3 招标人提供的措施项目清单中所列项目仅指一般的通用项目，投标人在报价时应充分、全面地阅读和理解招标文件的相关内容和约定，包括第七章"技术标准和要求"的相关约定，详实了解工程场地及其周围环境，充分考虑招标工程特点及拟定的施工方案和施工组织设计，对招标人给出的措施项目清单的内容进行细化或增减。

2.7.4 "措施项目清单与计价表"中所填写的报价金额，应全面涵盖招标文件约定的投标人中标后施工、竣工、交付本工程并维修其任何缺陷所需要履行的责任和义务的全部费用。

2.7.5 对于"措施项目清单与计价表"中所填写的报价金额，应按照"措施项目清单报价分析表"对措施项目报价的组成进行详细的列项和分析。

2.8 其他项目清单费应按下列规定报价：

2.8.1 暂列金额按"暂列金额明细表"中列出的金额报价，此处的暂列金额是招标人在招标文件中统一给定的，并不包括本章第2.8.3项的计日工金额。

2.8.2 暂估价分为材料和工程设备暂估单价和专业工程暂估价两类。其中的材料和工程设备暂估单价按本节第3.3.2项的报价原则进入分部分项工程量清单之综合单价，不在其他项目清单中汇总；专业工程暂估价直接按"专业工程暂估价表"中列出的金额和本节第3.3.3项的报价原则计入其他项目清单报价。

2.8.3 计日工按"计日工表"中列出的子目和估算数量，自主确定综合单价并计算计日工金额。计日工综合单价均不包括规费和税金，其中：

（1）劳务单价应当包括工人工资、交通费用、各种补贴、劳动安全保护、社保费用、手提手动和电动工器具、施工场地内已经搭设的脚手架、水电和低值易耗品费用、现场管理费用、企业管理费和利润；

（2）材料价格包括材料运到现场的价格以及现场搬运、仓储、二次搬运、损耗、保险、企业管理费和利润；

（3）施工机械限于在施工场地（现场）的机械设备，其价格包括租赁或折旧、维修、维护和燃油等消耗品以及操作人员费用，包括承包人企业管理费和利润，但不包括规费和税金。辅助人员按劳务价格另计。

2.8.4 总承包服务费根据招标文件中列出的内容和要求，按"总承包服务费计价表"所列格式自主报价。

2.9 规费和税金应按"规费、税金项目清单与计价表"所列项目并根据国家、省级或行业建设主管部门的有关规定列项和计算，不得作为竞争性费用。

2.10 除招标文件有强制性规定以及不可竞争部分以外，投标报价由投标人自主确定，但不得低于其成本。

2.11 工程量清单计价所涉及的生产资源（包括各类人工、材料、工程设备、施工设备、临时设施、临时用水、临时用电等）的投标价格，应根据自身的信息渠道和采购渠道，分析其市场价格水平并判断其整个施工周期内的变化趋势，体现投标人自身的管理水平、技术水平和综合实力。

2.12 管理费应由投标人在保证不低于其成本的基础上做竞争性考虑；利润由投标人根据自身情况和综合实力做竞争性考虑。

2.13 投标报价中应考虑招标文件中要求投标人承担的风险范围以及相关的费用。

2.14 投标总价为投标人在投标文件中提出的各项支付金额的总和，为实施、完成招标工程并修补缺陷以及履行招标文件中约定的风险范围内的所有责任和义务所发生的全部费用。

2.15 有关投标报价的其他说明：

# 3. 其他说明

## 3.1 词语和定义

### 3.1.1 工程量清单

是表现本工程分部分项工程项目、措施项目、其他项目、规费项目和税金的名称和相应数量等的明细清单。

### 3.1.2 总价子目

工程量清单中以总价计价，以"项"为计量单位，工程量为整数1的子目，除专用合同条款另有约定外，总价固定包干。采用总价合同形式时，合同订立后，已标价工程量清单中的工程量均没有合同约束力，所有子目均是总价子目，视同按项计量(合同条款第15条约定的变更除外)。

### 3.1.3 单价子目

工程量清单中以单价计价，根据有合同约束力的图纸和工程量计算规则进行计量，以实际完成数量乘以相应单价进行结算的子目。

### 3.1.4 子目编码

分部分项工程项目清单中所列的子目名称的数字标识和代码，子目编码与项目编码同义。

### 3.1.5 子目特征

构成分部分项工程项目清单子目、措施项目的实质内容、决定其自身价值的本质特征，子目特征与项目特征同义。

### 3.1.6 规费

承包人根据省级政府或省级有关权力部门规定必须缴纳的，应计入建筑安装工程造价的费用。

### 3.1.7 税金

国家税法规定的应计入建筑安装工程造价内的营业税、城市维护建设税及教育费附加等。

### 3.1.8 总承包服务费

总承包人为配合协调发包人发包的专业工程以及发包人采购的材料和工程设备等进行管理、服务以及施工现场管理、竣工资料汇总整理等所需的费用。

### 3.1.9 同义词语

本章中使用的词语"招标人"和"投标人"分别与合同条款中定义的"发包人"和"承包人"同义；就工程量清单而言，"子目"与"项目"同义。

3.2 工程量差异调整

3.2.1 工程量清单中的工作内容分类、子目列项、特征描述以及"分部分项工程量清单与计价表"中附带的工程量都不应理解为是对承包(招标)范围以及合同工作内容的唯一的、最终的或全部的定义。

3.2.2 投标人应对招标人提供的工程量清单进行认真细致的复核。这种复核包括对招标人提供的工程量清单中的子目编码、子目名称、子目特征描述、计量单位、工程量的准确性以及可能存在的任何书写、打印错误进行检查和复核，特别是对"分部分项工程量清单与计价表"中每个工作子目的工程量进行重新计算和校核。如果投标人经过检查和复核以后认为招标人提供的工程量清单存在差异，则投标人应将此类差异的详细情况连同按投标人须知规定提交的要求招标人澄清的其他问题一起提交给招标人，招标人将根据实际情况决定是否颁发工程量清单的补充和(或)修改文件。

3.2.3 如果招标人在检查投标人根据上文第3.2.2项提交的工程量差异问题后认为没有必要对工程量清单进行补充和(或)修改，或者招标人根据上文第3.2.2项对工程量清单进行了补充和(或)修改，但投标人认为工程量清单中的工程量依然存在差异，则此类差异不再提交招标人答疑和修正，而是直接按招标人提供的工程量清单(包括招标人可能的补充和(或)修改)进行投标报价。投标人在按照工程量清单进行报价时，除按照本节2.7.3项要求对招标人提供的措施项目清单的内容进行细化或增减外，不得改变(包括对工程量清单子目的子目名称、子目特征描述、计量单位以及工程量的任何修改、增加或减少)招标人提供的分部分项工程量清单和其他项目清单。即使按照图纸和招标范围的约定并不存在的子目，只要在招标人提供的分部分项工程量清单中已经列明，投标人都需要对其报价，并纳入投标总价的计算。

3.3 暂列金额和暂估价

3.3.1 "暂列金额明细表"中所列暂列金额(不包括计日工金额)中已经包含与其对应的管理费、利润和规费，但不含税金。投标人应按本招标文件规定将此类暂列金额直接纳入其他项目清单的投标价格并计取相应的税金，不需要考虑除税金以外的其他任何费用。

3.3.2 "材料和工程设备暂估价表"中所列的材料和工程设备暂估价是此类材

料、工程设备本身运至施工现场内的工地地面价，不包括其本身所对应的管理费、利润、规费、税金以及这些材料和工程设备的安装、安装所需要的辅助材料、安装损耗、驻厂监造以及发生在现场内的验收、存储、保管、开箱、二次倒运、从存放地点运至安装地点以及其他任何必要的辅助工作(以下简称"暂估价材料和工程设备的安装及辅助工作")所发生的费用及其对应的管理费、利润、规费和税金。除应按本招标文件规定将此类暂估价本身纳入分部分项工程量清单相应子目的综合单价以外，投标人还应将上述材料和工程设备的安装及辅助工作所发生的费用以及与此类费用有关的管理费和利润包含在分部分项工程量清单相应子目的综合单价中，并计取相应的规费和税金。

3.3.3 专业工程暂估价表中所列的专业工程暂估价已经包含与其对应的管理费、利润和规费，但不含税金。投标人应按本招标文件规定将此类暂估价直接纳入其他项目清单的投标价格并计取相应的税金。除按本招标文件规定将此类暂估价纳入其他项目清单的投标价格并计取相应的税金以外，投标人还需要根据招标文件规定的内容考虑相应的总承包服务费以及与总承包服务费有关的规费和税金。

3.4 其他补充说明

_____

_____

# 4. 工程量清单与计价表

## 4.1 工程量清单封面

_____工程

# 工 程 量 清 单

招标人：_____

（单位盖章）

工程造价

咨 询 人：_____

（单位资质专用章）

法定代表人
或其授权人：_____

（签字或盖章）

法定代表人
或其授权人：_____

（签字或盖章）

编制人：_____

（造价人员签字盖专用章）

复核人：_____

（造价工程师签字盖专用章）

编制时间： 年 月 日 复核时间： 年 月 日

## 4.2 投标总价表

# 投 标 总 价

招标人：_____

工程名称：_____

投标总价(小写)：_____

（大写）：_____

投标人：_____

（单位盖章）

法定代表人

或其授权人：_____

（签字或盖章）

编制人：_____

（造价人员签字盖专用章）

编制时间： 年 月 日

## 4.3 总说明

## 总　说　明

工程名称：　　　　　　　　　　　　　　　　　　　第　页　共　页

## 4.4 工程项目投标报价汇总表

# 工程项目投标报价汇总表

工程名称：                                                 第 页 共 页

| 序号 | 单项工程名称 | 金额(元) | 其 中 | | |
| | | | 暂估价（元） | 安全文明施工费(元) | 规费（元） |
|---|---|---|---|---|---|
| | | | | | |
| | | | | | |
| | | | | | |
| | | | | | |
| | | | | | |
| | | | | | |
| | | | | | |
| | | | | | |
| | | | | | |
| | | | | | |
| | | | | | |
| | 合　计 | | | | |

### 4.5 单项工程投标报价汇总表

# 单项工程投标报价汇总表

工程名称：

| 序号 | 单位工程名称 | 金额(元) | 其 中 | | |
| | | | 暂估价(元) | 安全文明施工费(元) | 规费(元) |
| --- | --- | --- | --- | --- | --- |
| | | | | | |
| 合　计 | | | | | |

164

## 4.6 单位工程投标报价汇总表

# 单位工程投标报价汇总表

工程名称：　　　　　　　　　　　　　　　　　　第　页　共　页

| 序号 | 汇总内容 | 金额(元) | 其中：暂估价(元) |
|------|----------|----------|------------------|
| 1 | 分部分项工程 | | |
| 1.1 | | | |
| 1.2 | | | |
| 1.3 | | | |
| 1.4 | | | |
| 1.5 | | | |
| | | | |
| | | | |
| | | | |
| | | | |
| | | | |
| 2 | 措施项目 | | — |
| 2.1 | 其中：安全文明施工费 | | — |
| 3 | 其他项目 | | — |
| 3.1 | 暂列金额(不包括计日工) | | — |
| 3.2 | 专业工程暂估价 | | — |
| 3.3 | 计日工 | | — |
| 3.4 | 总承包服务费 | | — |
| 4 | 规费 | | — |
| 5 | 税金 | | — |
| | 投标报价合计＝1＋2＋3＋4＋5 | | — |

## 4.7 分部分项工程量清单与计价表

# 分部分项工程量清单与计价表

工程名称：　　　　　　　　　　　　　　　　　　　第　页　共　页

| 序号 | 子目编码 | 子目名称 | 子目特征描述 | 计量单位 | 工程量 | 金额(元) | | |
|---|---|---|---|---|---|---|---|---|
| | | | | | | 综合单价 | 合价 | 其中：暂估价 |
| | | | | | | | | |
| | | | | | | | | |
| | | | | | | | | |
| | | | | | | | | |
| | | | | | | | | |
| | | | | | | | | |
| | | | | | | | | |
| | | | | | | | | |
| | | | | | | | | |
| | | | | | | | | |
| | | | | | | | | |
| | | | | | | | | |
| | | | | | | | | |
| | | | | | | | | |
| | | | | | | | | |
| | | | | | | | | |
| 本页小计 | | | | | | | | |
| 合　计 | | | | | | | | |

注：根据《建筑安装工程费用组成》（建标［2003］206号）的规定，为计取规费等的使用，可在表中增设其中："直接费"、"人工费"或"人工费＋机械费"。

166

## 4.8 工程量清单综合单价分析表

# 工程量清单综合单价分析表

工程名称： 第 页 共 页

| 子目编码 | | 子目名称 | | | | 计量单位 | | | | |
|---|---|---|---|---|---|---|---|---|---|---|
| 清单综合单价组成明细 | | | | | | | | | | |
| 定额编号 | 定额名称 | 定额单位 | 数量 | 单价 | | | | 合价 | | | |
| | | | | 人工费 | 材料费 | 机械费 | 管理费和利润 | 人工费 | 材料费 | 机械费 | 管理费和利润 |

| 定额编号 | 定额名称 | 定额单位 | 数量 | 人工费 | 材料费 | 机械费 | 管理费和利润 | 人工费 | 材料费 | 机械费 | 管理费和利润 |
|---|---|---|---|---|---|---|---|---|---|---|
| | | | | | | | | | | | |
| | | | | | | | | | | | |
| | | | | | | | | | | | |
| | | | | | | | | | | | |

| 人工单价 | | 小 计 | | |
|---|---|---|---|---|
| 元/工日 | | 未计价材料和工程设备费 | | |
| 清单子目综合单价 | | | | |

| | 主要材料和工程设备名称、规格、型号 | 单位 | 数量 | 单价 | 合价 | 暂估单价（元） | 暂估合价（元） |
|---|---|---|---|---|---|---|---|
| 材料费明细 | | | | | | | |
| | | | | | | | |
| | | | | | | | |
| | | | | | | | |
| | | | | | | | |
| | 其他材料费 | | | | | | |
| | 材料费小计 | | | | | | |

注：如不使用省级或行业建设主管部门发布的计价定额，可不填定额项目、编
号等。

167

## 4.9 措施项目清单与计价表(一)

# 措施项目清单与计价表(一)

工程名称：                                                           第　页　共　页

| 序号 | 子目名称 | 计算基础 | 费率(%) | 金额(元) |
|---|---|---|---|---|
| 1 | 安全文明施工费 | | | |
| 2 | 夜间施工费 | | | |
| 3 | 二次搬运费 | | | |
| 4 | 冬雨期施工 | | | |
| 5 | 大型机械设备进出场及安拆费 | | | |
| 6 | 施工排水、降水 | | | |
| 7 | 地上、地下设施、建筑物的临时保护设施 | | | |
| 8 | 已完工程及设备保护 | | | |
| 9 | 各专业工程的措施项目 | | | |
| 10 | | | | |
| 合　计 | | | | |

注：1. 本表适用于以"项"计价的措施项目；

　　2. 根据建设部、财政部发布的《建筑安装工程费用组成》(建标〔2003〕206号)的规定，"计算基础"可为"直接费"、"人工费"或"人工费＋机械费"。

## 4.10 措施项目清单与计价表(二)

# 措施项目清单与计价表(二)

工程名称：                                    第 页 共 页

| 序号 | 子目编码 | 子目名称 | 子目特征描述 | 计量单位 | 工程量 | 金额(元) | |
|---|---|---|---|---|---|---|---|
| | | | | | | 综合单价 | 合价 |
| | | | | | | | |
| | | | | | | | |
| | | | | | | | |
| | | | | | | | |
| | | | | | | | |
| | | | | | | | |
| | | | | | | | |
| | | | | | | | |
| | | | | | | | |
| | | | | | | | |
| | | | | | | | |
| | | | | | | | |
| | | | | | | | |
| | | | | | | | |
| 本页小计 | | | | | | | |
| 合　　计 | | | | | | | |

注：本表适用于以综合单价形式计价的措施项目。

## 4.11 其他项目清单与计价汇总表

## 其他项目清单与计价汇总表

工程名称：　　　　　　　　　　　　　　　　第　页　共　页

| 序号 | 子目名称 | 计量单位 | 金额(元) | 备注 |
|---|---|---|---|---|
| 1 | 暂列金额(不包括计日工) | 项 | | 明细详见表 4.11-1 |
| 2 | 暂估价 | | | |
| 2.1 | 材料和工程设备暂估价 | | （进入综合单价） | 明细详见表 4.11-2 |
| 2.2 | 专业工程暂估价 | | | 明细详见表 4.11-3 |
| 3 | 计日工 | | | 明细详见表 4.11-4 |
| 4 | 总承包服务费 | | | 明细详见表 4.11-5 |
| | | | | |
| | | | | |
| | | | | |
| 合　计 | | | | — |

注：材料和工程设备暂估单价进入清单子目综合单价，此处不汇总。

170

## 4.11-1 暂列金额明细表

## 暂列金额明细表

工程名称：                                                    第 页 共 页

| 序号 | 子目名称 | 计量单位 | 暂列金额<br>（元） | 备注 |
|------|----------|----------|--------------------|------|
|      |          |          |                    |      |
|      |          |          |                    |      |
|      |          |          |                    |      |
|      |          |          |                    |      |
|      |          |          |                    |      |
|      |          |          |                    |      |
|      |          |          |                    |      |
|      |          |          |                    |      |
|      |          |          |                    |      |
| 合　　计 | | | | — |

注：此表由招标人填写，不包括计日工。暂列金额项目部分如不能详列明细，也
可只列暂列金额项目总金额，投标人应将上述暂列金额计入投标总价中。

### 4.11-2 材料和工程设备暂估单价表

## 材料和工程设备暂估单价表

工程名称：                                                      第 页 共 页

| 序号 | 材料和工程设备名称、规格、型号 | 计量单位 | 暂估单价（元） | 备注 |
|---|---|---|---|---|
|  |  |  |  |  |
|  |  |  |  |  |
|  |  |  |  |  |
|  |  |  |  |  |
|  |  |  |  |  |
|  |  |  |  |  |
|  |  |  |  |  |
|  |  |  |  |  |
|  |  |  |  |  |

注：1. 此表由招标人填写，并在备注栏说明暂估价的材料和工程设备拟用在哪些清单子目中，投标人应将上述材料、工程设备暂估单价计入工程量清单综合单价报价中；达到规定的规模标准的重要设备、材料以外的其他材料、设备约定采用招标方式采购的，应当同时注明；

2. 投标人应注意，这些材料和工程设备暂估单价中不包括了投标人的企业管理费和利润，组成相应清单子目综合单价时，应避免重复计取；

3. 材料、工程设备包括原材料、燃料、构配件以及按规定应计入建筑安装工程造价的设备。

#### 4.11-3 专业工程暂估价表

## 专业工程暂估价表

工程名称：第 页 共 页

| 序号 | 工程名称 | 工程内容 | 金额(元) | 备注 |
|------|---------|---------|---------|------|
|      |         |         |         |      |
|      |         |         |         |      |
|      |         |         |         |      |
|      |         |         |         |      |
|      |         |         |         |      |
|      |         |         |         |      |
|      |         |         |         |      |
|      |         |         |         |      |
|      |         |         |         |      |
|      |         |         |         |      |
| 合　计 |       |         |         |      |

注：1. 此表由招标人填写，投标人应将上述专业工程暂估价计入投标总价中；

2. 备注栏中应当对未达到招标规模标准的是否采用分包做出说明，采用分包方式的应当由发包人和承包人依法招标方式选择分包人。

### 4.11-4 计日工表

# 计 日 工 表

工程名称：　　　　　　　　　　　　　　　　　　第 页 共 页

| 编号 | 子目名称 | 单位 | 暂定数量 | 综合单价 | 合价 |
|---|---|---|---|---|---|
| 一 | 劳务（人工） | | | | |
| 1 | | | | | |
| 2 | | | | | |
| 3 | | | | | |
| 4 | | | | | |
| 人工小计 | | | | | |
| 二 | 材料 | | | | |
| 1 | | | | | |
| 2 | | | | | |
| 3 | | | | | |
| 4 | | | | | |
| 材料小计 | | | | | |
| 上述材料表中未列出的材料设备，投标人计取的包括企业管理费、利润（不包括规费和税金）在内的固定百分比： | | | | | ％ |
| 三 | 施工机械 | | | | |
| 1 | | | | | |
| 2 | | | | | |
| 3 | | | | | |
| 4 | | | | | |
| 施工机械小计 | | | | | |
| 总　计 | | | | | |

注：1. 此表暂定项目、数量由招标人填写，编制招标控制价时，单价由招标人按有关计价规定确定；

2. 投标时，子目和数量按招标人提供数据计算，单价由投标人自主报价，计入投标总价中；

3. 此表总计的计日工金额应当作为暂列金额的一部分，计入表 4.11-1 中。

## 4.11-5 总承包服务费计价表

# 总承包服务费计价表

工程名称：                                          第 页 共 页

| 序号 | 项目名称 | 项目价值（元） | 服务内容 | 费率(%) | 金额(元) |
|---|---|---|---|---|---|
| 1 | 发包人发包专业工程 | | | | |
| 2 | 发包人供应材料和工程设备 | | | | |
| | | | | | |
| | | | | | |
| | | | | | |
| | | | | | |
| | | | | | |
| | | | | | |
| | | | | | |
| 合　计 | | | | | |

### 4.12 规费、税金项目清单与计价表

# 规费、税金项目清单与计价表

工程名称： 第 页 共 页

| 序号 | 项目名称 | 计算基础 | 费率(%) | 金额(元) |
|---|---|---|---|---|
| 1 | 规费 | | | |
| 1.1 | 工程排污费 | | | |
| 1.2 | 社会保障费 | | | |
| (1) | 养老保险费 | | | |
| (2) | 失业保险费 | | | |
| (3) | 医疗保险费 | | | |
| 1.3 | 住房公积金 | | | |
| 1.4 | 危险作业意外伤害保险 | | | |
| 1.5 | 工程定额测定费 | | | |
| ... | ...... | | | |
| 2 | 税金 | 分部分项工程费＋措施项目费＋其他项目费＋规费 | | |

注：规费根据建设部、财政部发布的《建筑安装工程费用组成》(建标〔2003〕206号)的规定，"计算基础"可为"直接费"、"人工费"或"人工费＋机械费"。

## 4.13 措施项目报价组成分析表

工程名称：

### 措施项目报价组成分析表

| 子目编码 | 措施项目名称 | 拟采取主要方案或投入人资源描述 | 实际成本详细计算过程 | 报价构成分析 | | | 报价金额 |
|---|---|---|---|---|---|---|---|
| | | | | 实际成本 | 管理费 | 利润 | |
| | | | | | | | |

## 4.14 费率报价表

# 费 率 报 价 表

工程名称：

| 序号 | 费用名称 | 取费基数 | 报价费率(%) |
|---|---|---|---|
| **A** | **建筑工程** | | |
| 1 | 企业管理费 | | |
| 2 | 利润 | | |
| | | | |
| **B** | **装饰和装修工程** | | |
| 3 | 企业管理费 | | |
| 4 | 利润 | | |
| | | | |
| **C** | **机电安装工程** | | |
| 5 | 企业管理费 | | |
| 6 | 利润 | | |
| | | | |
| **D** | **市政/园林绿化工程** | | |
| 7 | 企业管理费 | | |
| 8 | 利润 | | |
| | | | |

注：本报价表中的费率应与分部分项工程清单综合单价分析表中的费率一致。

4.15 主要材料和工程设备选用表

主要材料和工程设备选用表

工程名称：

| 序号 | 材料和工程设备名称 | 单位 | 单价 | 数量 | 品牌/厂家 | 规格型号 | 备注 |
|------|------|------|------|------|------|------|------|
|      |      |      |      |      |      |      |      |

注：本表中所列材料设备应仅限于承包人自行采购范围内的材料设备。本表格可以按照同样的格式扩展。

第 二 卷

# 第六章　图纸

# 1. 图纸目录

| 序号 | 图名 | 图号 | 版本 | 出图日期 | 备注 |
|------|------|------|------|----------|------|
|      |      |      |      |          |      |
|      |      |      |      |          |      |
|      |      |      |      |          |      |
|      |      |      |      |          |      |
|      |      |      |      |          |      |
|      |      |      |      |          |      |
|      |      |      |      |          |      |
|      |      |      |      |          |      |
|      |      |      |      |          |      |
|      |      |      |      |          |      |
|      |      |      |      |          |      |
|      |      |      |      |          |      |
|      |      |      |      |          |      |
|      |      |      |      |          |      |
|      |      |      |      |          |      |
|      |      |      |      |          |      |
|      |      |      |      |          |      |
|      |      |      |      |          |      |
|      |      |      |      |          |      |
|      |      |      |      |          |      |
|      |      |      |      |          |      |
|      |      |      |      |          |      |
|      |      |      |      |          |      |

## 2. 图纸

第 三 卷

# 第七章　技术标准和要求

# 第七章 技术标准和要求

## 第一节 一般要求

## 1. 工程说明

### 1.1 工程概况

1.1.1 本工程基本情况如下：

_____

_____。

1.1.2 本工程施工场地（现场）具体地理位置如下：

_____

_____。

### 1.2 现场条件和周围环境

1.2.1 本工程施工场地（现场）已经具备施工条件。施工场地（现场）临时水源接口位置、临时电源接口位置、临时排污口位置、建筑红线位置、道路交通和出入口以及施工场地（现场）和周围环境等情况见本章附件 A：施工场地（现场）现状平面图。

1.2.2 施工场地（现场）临时供水管径_____。

施工场地（现场）临时排污管径_____。

施工场地（现场）临时雨水管径_____。

施工现场临时供电容量（变压器输出功率）_____。

1.2.3 现场条件和周围环境的其他资料和信息数据如下：

_____

_____。

1.2.4 承包人被认为已在本工程投标阶段踏勘现场时充分了解本工程现场条件和周围环境，并已在其投标时就此给予了充分的考虑。

### 1.3 地质及水文资料

1.3.1 现场地质及水文资料和信息数据如下：

_____

_____。

### 1.4 资料和信息的使用

1.4.1 合同文件中载明的涉及本工程现场条件、周围环境、地质及水文等情况的资料和信息数据，是发包人现有的和客观的，发包人保证有关资料和信息数据的真实、准确。但承包人据此作出的推论、判断和决策，由承包人自行负责。

# 2. 承包范围

### 2.1 承包范围

2.1.1 承包人自行施工范围

本工程承包人自行施工的工程范围如下：

_____

_____。

2.1.2 承包范围内的暂估价项目

2.1.2.1 承包范围内以暂估价形式实施的专业工程见第五章"工程量清单"表 4.11-3"专业工程暂估价表"。

2.1.2.2 承包范围内以暂估价形式实施的材料和工程设备见第五章"工程量清单"表 4.11-2"材料和工程设备暂估单价表"。

2.1.2.3 上述暂估价项目与本节第 2.1.1 项承包人自行施工范围的工作界面划分如下：

_____

_____

_____。

2.1.3 承包范围内的暂列金额项目

2.1.3.1 承包范围内以暂列金额(包括计日工)方式实施的项目见第五章"工程量清单"表 4.11-1"暂列金额明细表"（不包括计日工）和表 4.11-4"计日工表"，其中计日工金额为承包人在其投标报价中按表 4.11-4"计日工表"所列计日工子目、数量和相应规定填报的金额。

2.1.3.2 暂列金额明细表中每笔暂列金额所对应的子目，包括计日工，均只是可能发生的子目。承包人应当充分认识到，合同履行过程中所列暂列金额可能不发生，也可能部分发生。即使发生，监理人按照合同约定发出的使用暂列金额的指示也不限于只能用于表中所列子目。

2.1.3.3 暂列金额是否实际发生，其再分和合并等均不应成为承包人要求任何追加费用和(或)延长工期的理由。

2.1.3.4 关于暂列金额的其他说明：

 

 

————————————————————————————————————————————————————————————————————。

2.2 发包人发包专业工程和发包人供应的材料和工程设备

2.2.1 由发包人发包的专业工程属于与本工程有关的其他工程，不属于承包人的承包范围。发包人发包的专业工程如下：

 

————————————————————————————————————————————————————————————————————。

2.2.2 由发包人供应的材料和工程设备不属于承包人的承包范围。发包人供应的材料和工程设备见合同附件二"发包人供应的材料和工程设备一览表"。

2.3 承包人与发包人发包专业工程承包人的工作界面

2.3.1 承包人与发包人发包专业工程承包人以及与发包人供应的材料和设备的供应商之间的工作界面划分如下：

 

————————————————————————————————————————————————————————————————————。

2.4 承包人需要为发包人和监理人提供的现场办公条件和设施

2.4.1 承包人需要为发包人和监理人提供的现场办公条件和设施及其详细要求如下：

 

————————————————————————————————————————————————————————————————————。

# 3. 工期要求

3.1 合同工期

本工程合同工期和计划开、竣工日期为承包人在投标函附录中承诺的工期和计划开、竣工日期，并在合同协议书中载明。

3.2 关于工期的一般规定

3.2.1 承包人在投标函中承诺的工期和计划开、竣工日期之间发生矛盾或者不一致时，以承包人承诺的工期为准。实际开工日期以通用合同条款第 11.1 款约定的监理人发出的开工通知中载明的开工日期为准。

3.2.2 如果承包人在投标函附录中承诺的工期提前于发包人在本工程招标文件中所要求的工期，承包人在施工组织设计中应当制定相应的工期保证措施，由此而增加的费用应当被认为已经包括在投标总价中。除合同另有约定外，合同履约过程中发包人不会因此再向承包人支付任何性质的技术措施费用、赶工费用或其他任何性质的提前完工奖励等费用。

3.2.3 承包人在投标函附录中所承诺的工期应当包括实施并完成本节上述 2.1.2 项规定的暂估价项目和上述 2.1.3 项规定的实际可能发生的暂列金额在内的所有工作的工期。

## 4. 质量要求

4.1 质量标准

4.1.1 本工程要求的质量标准为符合现行国家有关工程施工验收规范和标准的要求（合格）。

4.2 特殊质量要求

4.2.1 有关本工程质量方面的特殊要求如下：

_____

_____。

## 5. 适用规范和标准

5.1 适用的规范、标准和规程

5.1.1 除合同另有约定外，本工程适用现行国家、行业和地方规范、标准和规程。适用于本工程的国家、行业和地方的规范、标准和规程等的名录见本章第三节。

构成合同文件的任何内容与适用的规范、标准和规程之间出现矛盾，承包人应书面要求监理人予以澄清，除监理人有特别指示外，承包人应按照其中要求最严格的标准执行。

5.1.2 除合同另有约定外，材料、施工工艺和本工程都应依照本技术标准和要求以及适用的现行规范、标准和规程的最新版本执行。若适用的现行规范、标准和规程的最新版本是在基准日后颁布的，且相应标准发生变更并成为合同文件中最严格的标准，则应按合同条款第 15 条的约定办理。

5.2　特殊技术标准和要求

5.2.1　适用本工程的特殊技术标准和要求见本章第二节。

5.2.2　有合同约束力的图纸和其他设计文件中的有关文字说明是本节的组成内容。

# 6. 安全文明施工

6.1　安全防护

6.1.1　在工程施工、竣工、交付及修补任何缺陷的过程中，承包人应当始终遵守国家和地方有关安全生产的法律、法规、规范、标准和规程等，按照通用合同条款第 9.2 款的约定履行其安全施工职责。

6.1.2　承包人应坚持"安全第一，预防为主"的方针，建立、健全安全生产责任制度和安全生产教育培训制度。在整个工程施工期间，承包人应在施工场地（现场）设立、提供和维护并在有关工作完成或竣工后撤除：

（1）设立在现场入口显著位置的现场施工总平面图、总平面管理、安全生产、文明施工、环境保护、质量控制、材料管理等的规章制度和主要参建单位名称和工程概况等说明的图板；

（2）为确保工程安全施工须设立的足够的标志、宣传画、标语、指示牌、警告牌、火警、匪警和急救电话提示牌等；

（3）洞口和临边位置的安全防护设施，包括护身栏杆、脚手架、洞口盖板和加筋、竖井防护栏杆、防护棚、防护网、坡道等；

（4）安全带、安全绳、安全帽、安全网、绝缘鞋、绝缘手套、防护口罩和防护衣等安全生产用品；

（5）所有机械设备包括各类电动工具的安全保护和接地装置和操作说明；

（6）装备良好的临时急救站和配备称职的医护人员；

（7）主要作业场所和临时安全疏散通道 24 小时 36V 安全照明和必要的警示等以防止各种可能的事故；

（8）足够数量的和合格的手提灭火器；

（9）装备良好的易燃易爆物品仓库和相应的使用管理制度；

（10）对涉及明火施工的工作制定诸如用火证等的管理制度；

（11）其他：_____。

6.1.3 安全文明施工费用必须专款专用，承包人应对其由于安全文明施工费用和施工安全措施不到位而发生的安全事故承担全部责任。

6.1.4 承包人应建立专门的施工场地（现场）安全生产管理机构，配备足够数量的和符合有关规定的专职安全生产管理人员，负责日常安全生产巡查和专项检查，召集和主持现场全体人员参加的安全生产例会（每周至少一次），负责安全技术交底和技术方案的安全把关，负责制定或审核安全隐患的整改措施并监督落实，负责安全资料的整理和管理，及时消除安全隐患，做好安全检查记录，确保所有的安全设施都处于良好的运转状态。承包人项目经理和专职安全生产管理人员均应当具备有效的安全生产考核合格证书。

6.1.5 承包人应遵照有关法规要求，编印安全防护手册发给进场施工人员，做好进场施工人员上岗前的安全教育和培训工作，并建立考核制度，只有考核合格的人员才能进场施工作业。特种作业人员还应经过专门的安全作业培训，并取得特种作业操作资格证书后方可上岗。在任何分部分项工程开始施工前，承包人应当就有关安全施工的技术要求向施工作业班组和作业人员等进行安全交底，并由双方签字确认。

6.1.6 承包人应为其进场施工人员配备必需的安全防护设施和设备，承包人还应为施工场地（现场）邻近地区的所有者和占有者、公众和其他人员，提供一切必要的临时道路、人行道、防护棚、围栏及警告等，以确保财产和人身安全以及最大程度地降低施工可能造成的不便。

6.1.7 承包人应在施工场地（现场）入口处、施工起重机械、临时用电设施、脚手架、出入通道口、楼梯口、电梯井口、孔洞口、隧道口、基坑边沿、危险品存放处等危险部位设置一切必需的安全警示标志，包括但不限于标准道路标志、报警标志、危险标志、控制标志、安全标志、指示标志、警告标志等，并配备必要的照明、防护和看守。承包人应当按监理人的指示，经常补充或更换失效的警示和标志。

6.1.8 承包人应对施工场地（现场）内由其提供并安装的所有提升架、外用电梯和塔吊等垂直和水平运输机械进行安全围护，包括卸料平台门的安全开关、警示铃和警示灯，卸料平台的护身栏杆，脚手架和安全网等；所有的机械设备应设置安全操作防护罩，并在醒目位置张挂详细的安全操作要点等。

6.1.9 承包人应对所有用于提升的挂钩、挂环、钢丝绳、铁扁担等进行定期检测、检查和标定；如果监理人认为，任何此类设施已经损坏或有使用不当之处，承包人应立即以合格的产品进行更换；所有垂直和水平运输机械的搭设、顶升、使用和拆除必须严格依照现行有关法规、规章、规范、标准和规程等的要求。

6.1.10 所有机械和工器具应定期保养、校核和维护，以保证它们处于良好和安全的工作状态。保养、校核和维护工作应尽可能安排在非工作时间进行，并为上述机械和工器具准备足够的备用配件，以确保工程的施工能不间断地进行。

6.1.11 在永久工程和施工边坡、建筑物基坑、地下洞室等的开挖过程中，应根据其施工安全的需要和(或)监理人指示，安装必要的施工安全监测仪器，及时进行必要的施工安全监测，并定期将安全监测成果提交监理人，以防止引起任何沉降、变形或其他影响正常施工进度的损害。

6.1.12 承包人应对任何施工中的永久工程进行必要的支撑或临时加固。除非承包人已获得监理人书面许可并按要求进行了必要的加固或支撑，不允许承包人在任何已完成的永久性结构上堆放超过设计允许荷载的任何材料、物品或设备。在任何情况下，承包人均应对其任何上述超载行为引起的后果负责，并承担相应的修缮费用。

6.1.13 承包人应成立应急救援小组，配备必要的应急救援器材和设备，制定灾害和生产安全事故的应急救援预案，并将应急救援预案报送监理人。应急救援预案应能随时组织应救专职人员、并定期组织演练。

6.1.14 施工过程中需要使用爆破或带炸药的工具等危险性施工方法时，承包人应提前通知监理人。经监理人批准后，承包人应依照有关法律、法规、规章以及政府有关主管机构制定的规范性文件等的规定，向有关机构提出申请并获得相关许可。承包人应严格依照上述规定使用、储藏、管理爆破物品或带炸药的工具等，并负责由于这类物品的使用可能引起的任何损失或损害的赔偿。任何情况下，承包人不得在已完永久性工程中和空心砌体中使用爆破方法。

6.1.15 基坑支护与降水工程、土方开挖工程、模板工程、起重吊装工程、脚手架工程、拆除工程和爆破工程等达到一定规模和危险性较大的分部分项工程，承包人应当编制专项施工方案，其中深基坑、地下暗挖和高大模板工程的专项施工方案，还应组织专家进行论证和审查。

6.1.16 承包人应按照通用合同条款第9.5款的约定处理本工程施工过程中发生的事故。发生施工安全事故后，承包人必须立即报告监理人和发包人，并在事故发生后一小时内向发包人提交事故情况书面报告，并根据《生产安全事故报告和调查处理条例》的规定，及时向工程所在地县级以上地方人民政府安全生产监督管理部门和建设行政主管部门报告。情况紧急时，事故现场有关人员可以直接向工程所在地县级以上地方人民政府安全生产监督管理部门和建设行政主管部门报告。

6.1.17 承包人还应根据有关法律、法规、规定和条例等的要求，制定一套安全生产应急措施和程序，保证一旦出现任何安全事故，能立即保护好现场，抢救伤员和财产，保证施工生产的正常进行，防止损失扩大。

6.1.18 安全防护方面的其他要求如下：

_____

_____。

6.2 临时消防

6.2.1 承包人应建立消防安全责任制度，制定用火、用电和使用易燃易爆等危险品的消防安全管理制度和操作规程。各项制度和规程等应满足相关法律法规和政府消防管理机构的要求。

6.2.2 承包人应根据相关法律法规和消防管理部门的要求，为施工中的永久工程和所有临时工程提供必要的临时消防和紧急疏散设施，包括提供并维持畅通的消防通道、临时消火栓、灭火器、水龙带、灭火桶、灭火铲、灭火斧、消防水管、阀门、检查井、临时消防水箱、泵房和紧随工作面的临时疏散楼梯或疏散设施，消防设施的设立和消防设备的型号和功率应满足消防任务的需要，始终保持能够随时投入正常使用的状态，并设立明显标志。承包人的临时消防系统和配置应分别经过监理人和消防管理部门的审批和验收；承包人还应自费获得消防管理部门的临时消防证书。所有的临时消防设施属于承包人所有，至工程实际竣工时且永久性消防系统投入使用后从现场拆除。

6.2.3 承包人应当成立由项目主要负责人担任组长的临时消防组或消防队，宣传消防基本知识和基本操作培训，组织消防演练，保证一旦发生火灾，能够组织有效的自救，保护生命和财产安全。

6.2.4 施工场地(现场)内的易燃、易爆物品应单独和安全地存放，设专人进行存放和领用管理。施工场地(现场)储有或正在使用易燃、易爆或可燃材料时或有明火施工的工序，应当实行严格的"用火证"管理制度。

6.2.5 临时消防方面的其他要求如下：

_____

_____。

6.3 临时供电

6.3.1 承包人应当根据《施工现场临时用电安全技术规范(附条文说明)》(JGJ 46—2005)及其适用的修订版本的规定和施工要求编制施工临时用电方案。临时用电方案及其变更必须履行"编制、审核、批准"程序。施工临时用电方案应当由电气工程技术人员组织编制,经企业技术负责人批准后实施,经编制、审核、批准部门和使用单位共同验收合格后方可投入使用。

6.3.2 承包人应为施工场地(现场),包括为工程楼层或者各区域,提供、设立和维护必要的临时电力供应系统,并保证电力供应系统始终处于满足供电管理部门要求和正常施工生产所要求的状态,并在工程实际竣工和相应永久系统投入使用后从现场拆除。

6.3.3 临时供电系统的电缆、电线、配电箱、控制柜、开关箱、漏电保护器等材料设备均应当具有生产(制造)许可证、产品合格证并经过检验合格的产品。临时用电采用三相五线制、三级配电和两极漏电保护供电,三相四线制配电的电缆线路必须采用五芯电缆,按规定设立零线和接地线。电缆和电线的铺设要符合安全用电标准要求,电缆线路应采用埋地或架空敷设,严禁严地面明设,并应避免机械损伤和介质腐蚀。埋地电缆路径应设方位标志。各种配电设备均设有防止漏电和防雨防水设施。

6.3.4 承包人应在施工作业区、施工道路、临时设施、办公区和生活区设置足够的照明,地下工程照明系统的电压不得高于36V,在潮湿和易触及带电体场所的照明供电电压不应大于24V。不便于使用电器照明的工作面应采用特殊照明设施。

6.3.5 凡可能漏电伤人或易受雷击的电器及建筑物均应设置接地和避雷装置。承包人应负责避雷装置的采购、安装、管理和维修,并建立定期检查制度。

6.3.6 临时用电方面的其他要求如下:

_____

_____。

6.4 劳动保护

6.4.1 承包人应遵守所有适用于本合同的劳动法规及其他有关法律、法规、规章和规定中关于工人工资标准、劳动时间和劳动条件的规定,合理安排现场作业人员的劳动和休息时间,保障劳动者必须的休息时间,支付合理的报酬和费用。承包人应按有关行政管理部门的规定为本合同下雇佣的职员和工人办理任何必要的证件、许可、保险和注册等，并保障发包人免于因承包人不能依照或完全依照上述所有法律、法规、规章和规定等可能给发包人带来的任何处罚、索赔、损失和损害等。

6.4.2 承包人应按照国家《劳动保护法》的规定，保障现场施工人员的劳动安全。承包人应为本合同下雇佣的职员和工人提供适当和充分的劳动保护，包括但不限于安全防护、防寒、防雨、防尘、绝缘保护、常用药品、急救设备、传染病预防等。

6.4.3 承包人应为其履行本合同所雇佣的职员和工人提供和维护任何必要的膳宿条件和生活环境，包括但不限于宿舍、围栏、供水(饮用及其他目的用水)、供电、卫生设备、食堂及炊具、防火及灭火设备、供热、家具及其他正常膳宿条件和生活环境所需的必需品，并应考虑宗教和民族习惯。

6.4.4 承包人应为现场工人提供符合政府卫生规定的生活条件并获得必要的许可，保证工人的健康和防止任何传染病，包括工人的食堂、厕所、工具房、宿舍等；承包人应聘请专业的卫生防疫部门定期对现场、工人生活基地和工程进行防疫和卫生的专业检查和处理，包括消灭白蚁、鼠害、蚊蝇和其他害虫，以防对施工人员、现场和永久工程造成任何危害。

6.4.5 承包人应在现场设立专门的临时医疗站，配备足够的设施、药物和称职的医务人员，承包人还应准备急救担架，用于一旦发生安全事故时对受伤人员的急救。

6.4.6 劳动保护方面的其他要求如下：

_____

_____。

6.5 脚手架

6.5.1 承包人应搭设并维护一切必要的临时脚手架、挑平台并配以脚手板、安全网、护身栏杆、门架、马道、坡道、爬梯等。脚手架和挑平台的搭设应满足有关安全生产的法律、法规、规范、标准和规程等的要求。新搭设的脚手架投入使用前，承包人必须组织安全检查和验收，并对使用脚手架的作业人员进行安全交底。

6.5.2 所有脚手架，尤其是大型、复杂、高耸和非常规脚手架，要编制专项施工方案，还应当经过安全验算，脚手架安全验算结果必须报送监理人核查后方可实施。

6.5.3 搭设爬架、挂架、超高脚手架等特种或新型脚手架时，承包人应确保此类脚手架的安全性和保证此类脚手架已经过有关行政管理部门允许使用的批准，并承担与此有关的一切费用。

6.5.4 承包人应当加强脚手架的日常安全巡查，及时对其中的安全隐患进行整改，确保脚手架使用安全。雨、雪、雾、霜和大风等天气后，承包人必须对脚手架进行安全巡查，并及时消除安全隐患。

6.5.5 承包人应允许发包人、监理人、专业分包人、独立承包人（如果有）和有关行政管理部门或者机构免费使用承包人在现场搭设的任何已有脚手架，并就其安全使用做必要交底说明。承包人在拆除任何脚手架前，应书面请示监理人他将要拆除的脚手架是否为发包人、监理人、专业分包人、独立承包人（如果有）和政府有关机构所需，只有在获得监理人书面批准后，承包人才能拆除相关脚手架，否则承包人应自费重新搭设。

6.5.6 脚手架的其他要求如下：

_____

_____ 。

6.6 施工安全措施计划

6.6.1 承包人应根据《中华人民共和国安全生产法》、《职业健康安全管理体系规范》、《中华人民共和国消防法》、《中华人民共和国道路交通安全法》、《中华人民共和国传染病防治法实施办法》和地方有关的法规等，按照合同条款第9.2.1项的约定，编制一份施工安全措施计划，报送监理人审批。

6.6.2 施工安全措施计划是承包人阐明其安全管理方针、管理体系、安全制度和安全措施等的文件，其内容应当反映现行法律法规规定的和合同条款约定的以及本条上述约定的承包人安全职责，包括但不限于：

（1）施工安全管理机构的设置；

（2）专职安全管理人员的配备；

（3）安全责任制度和管理措施；

（4）安全教育和培训制度及管理措施；

（5）各项安全生产规章制度和操作规程；

（6）各项施工安全措施和防护措施；

（7）危险品管理和使用制度；

（8）安全设施、设备、器材和劳动保护用品的配置；

（9）其他：_____ 。

施工安全措施的项目和范围，应符合国家颁发的《安全技术措施计划的项目总名称表》及其附录 H、I、J 的规定，即应采取以改善劳动条件，防止工伤事故，预防职业病和职业中毒为目的的一切施工安全措施，以及修建必要的安全设施、配备安全技术开发试验所需的器材、设备和技术资料，并对现场的施工管理及作业人员做好相应的安全宣传教育。

6.6.3  施工安全措施计划应当在专用合同条款第 9.2.1 项约定的期限内报送监理人。承包人应当严格执行经监理人批准的施工安全措施计划，并及时补充、修订和完善施工安全措施计划，确保安全生产。

6.7  文明施工

6.7.1  承包人应遵守国家和工程所在地有关法规、规范、规程和标准的规定，履行文明施工义务，确保文明施工专项费用专款专用。

6.7.2  承包人应当规范现场施工秩序，实行标准化管理：

(1) 承包人的施工场地(现场)必须干净整洁、做到无积水、无淤泥、无杂物，材料堆放整齐；

(2) 施工场地(现场)应进行硬化处理，定期定时洒水，做好防治扬尘和大气污染工作；

(3) 严格遵守"工完、料尽、场地净"的原则，不留垃圾、不留剩余施工材料和施工机具，各种设备运转正常；

(4) 承包人修建的施工临时设施应符合监理人批准的施工规划要求，并应满足本节规定的各项安全要求；

(5) 监理人可要求承包人在施工场地(现场)设置各级承包人的安全文明施工责任牌等文明施工警示牌；

(6) 材料进入现场应按指定位置堆放整齐，不得影响现场施工和堵塞施工、消防通道。材料堆放场地应有专职的管理人员；

(7) 施工和安装用的各种扣件、紧固件、绳索具、小型配件、螺钉等应在专设的仓库内装箱放置；

(8) 现场风、水管及照明电线的布置应安全、合理、规范、有序，做到整齐美观，不得随意架设和造成隐患或影响施工。

6.7.3  承包人应为其雇佣的施工工人建立并维护相应的生活宿舍、食堂、浴室、厕所和文化活动室等，其标准应满足政府有关机构的生活标准和卫生标准等的要求。

6.7.4 承包人应为任何已完成的、正在施工的和将要进行的任何永久和临时工程、材料、物品、设备以及因永久工程施工而暴露的任何毗邻财产提供必要的覆盖和保护措施，以避免恶劣天气影响工程施工和造成损失。保护措施包括必要的冬季供暖、雨季用阻燃防水油布覆盖、额外的临时仓库等等。因承包人措施不得力或不到位而给工程带来的任何损失或损害由承包人自己负责。

6.7.5 在工程施工期间，承包人应始终避免现场出现不必要的障碍物，妥当存放并处置施工设备和多余的材料，及时从现场清除运走任何废料、垃圾或不再需要的临时工程和设施。

6.7.6 承包人应为现场的工人和其他所有工作人员提供符合卫生要求的厕所，厕所应贴有瓷砖并带手动或自动冲刷设备和洗手盆；承包人负责支付与该厕所相关的所有费用，并在工程竣工时，从现场拆除。承包人应在工作区域设立必要的临时厕所，并安排专门人员负责看护和定时清理，以确保现场免于随地大小便的污染。

6.7.7 承包人应在现场设立固定的垃圾临时存放点并在各楼层或区域设立必要的垃圾箱；所有垃圾必须在当天清除出现场，并按有关行政管理部门的规定，运送到指定的垃圾消纳场。

6.7.8 承包人应对离场垃圾和所有车辆进行防遗洒和防污染公共道路的处理。承包人在运输任何材料的过程中，应采取一切必要的措施，防止遗洒和污染公共道路；一旦出现上述遗洒或污染现象，承包人应立即采取措施进行清扫，并承担所有费用。承包人在混凝土浇注、材料运输、材料装卸、现场清理等工作中应采取一切必要的措施防止影响公共交通。

6.7.9 承包人应当制订成品保护措施计划，并提供必要的人员、材料和设备用于整个工程的成品保护，包括对已完成的所有分包人和独立承包人（如果有）的工程或工作的保护，防止已完工作遭受任何损坏或破坏。成品保护措施应当合理安排工序，并包括工作面移交制度和责任赔偿制度。成品保护措施计划最迟应当在任何专业分包人或独立承包人进场施工前不少于28天报监理人审批。

6.7.10 文明施工方面的其他要求如下：

_____

_____。

## 6.8 环境保护

6.8.1 在工程施工、完工及修补任何缺陷的过程中，承包人应当始终遵守国家和工程所在地有关环境保护、水土保护和污染防治的法律、法规、规章、规范、标准和规程等，按照通用合同条款第 4.1.6 项和第 9.4 款的约定履行其环境与生态保护职责。

6.8.2 承包人应按合同约定和监理人指示，接受国家和地方环境保护行政主管部门的监督、监测和检查。承包人应对其违反现行法律、法规、规章、规范、标准和规程等以及本合同约定所造成的环境污染、水土流失、人员伤害和财产损失等承担赔偿责任。

6.8.3 承包人制订施工方案和组织措施时应当同步考虑环境和资源保护，包括水土资源保护、噪声、振动和照明污染防治、固体废弃物处理、污水和废气处理、粉尘和扬尘控制、道路污染防治、卫生防疫、禁止有害材料、节能减排以及不可再生资源的循环使用等因素。

6.8.4 承包人应当做好施工场地（现场）范围内各项工程的开挖支护、截水、降水、灌浆、衬砌、挡护结构及排水等工程防护措施。施工场地（现场）内所有边坡应当采取有效的水土流失防治和保持措施。承包人采用的降水方案应当充分考虑对地下水的保护和合理使用，如果国家和（或）地方人民政府有特别规定的，承包人应当遵守有关规定。承包人还应设置完善的排水系统，保持施工场地（现场）始终处于良好的排水状态，防止降雨径流对施工场地（现场）的冲刷。

6.8.5 承包人应当确保其所提供的材料、工程设备、施工设备和其他材料都是绿色环保产品，列入国家强制认证产品名录的，还应当是通过国家强制认证的产品。承包人不得在任何临时和永久性工程中使用任何政府明令禁止使用的对人体有害的任何材料（如放射性材料、石棉制品等）和方法，同时也不得在永久性工程中使用政府虽未明令禁止但会给居住或使用人带来不适感觉或味觉的任何材料和添加剂等；承包人应在其施工环保措施计划中明确防止误用的保证措施；承包人违背此项约定的责任和后果全部由承包人承担。

6.8.6 承包人应为防止进出场的车辆的遗洒和轮胎夹带物等污染周边和公共道路等行为制定并落实必要的措施，这类措施应至少包括在现场出入口设立冲刷池、对现场道路做硬化处理和采用密闭车厢或者对车厢进行必要的覆盖等等。

6.8.7 承包人应当保证施工生产用水和生活用水符合国家有关标准的规定。承包人还应建设、运行和维护施工生产和生活污水收集和处理系统（包括排污口接入），建立符合排放标准的临时沉淀池和化粪池等，不得将未处理的污水直接或间接排放或造成地表水体、地下水体或生产和生活供水系统的污染。

6.8.8 承包人应当采取有效措施，建立相应的过滤、分离、分解或沉淀等处理系统，不得让有害物质(如燃料、油料、化学品、酸等)，以及超过剂量的有害气体和尘埃、污水、泥土或水、弃渣等)污染施工场地(现场)及其周边环境。承包人施工工序、工作时间安排和施工设备的配置应当充分考虑降低噪声和照明等对施工场地(现场)周边生产和生活的影响，并满足国家和地方政府有关规定的要求。

6.8.9 环境保护方面的其他要求如下：

_____

_____。

6.9 施工环保措施计划

6.9.1 通用合同条款第9.4.2项约定的施工环保措施计划是承包人阐明环保方针和拟采用的环保措施及方法等的文件，其内容应包括但不限于：

(1) 承包人生活区(如果有)的生活用水和生活污水处理措施；

(2) 施工生产废水处理措施；

(3) 施工扬尘和废气的处理措施；

(4) 施工噪声和光污染控制措施；

(5) 节能减排措施；

(6) 不可再生资源循环利用措施；

(7) 固体废弃物处理措施；

(8) 人群健康保护和卫生防疫措施；

(9) 防止误用有害材料的保证措施；

(10) 施工边坡工程的水土流失保护措施；

(11) 道路污染防治措施；

(12) 完工后场地清理及其植被(如果有)恢复的规划和措施；

(13) 其他：_____。

6.9.2 施工环保措施计划应当在专用合同条款第9.4款约定的期限内报送监理人。承包人应当严格执行经监理人批准的施工环保措施计划，并及时补充、修订和完善施工环保措施计划。

# 7. 治安保卫

7.1 承包人应为施工场地(现场)提供24小时的保安保卫服务，配备足够的保安人员和保安设备，防止未经批准的任何人进入现场，控制人员、材料和设备等的进出场，防止现场材料、设备或其他任何物品的失窃，禁止任何现场内的打架斗殴事件。

7.2　承包人的保安人员应是训练有素的专业保安人员，承包人可以雇佣专业保安公司负责现场保安和保卫。保安保卫制度除规范现场出入大门控制外，还应规定定时和不定时的施工场地(现场)周边和全现场的保安巡逻。

7.3　承包人应制定并实施严格的施工场地(现场)出入制度并报监理人审批；车辆的出入须有出入审批制度，并有指定的专人负责管理；人员进出现场应有出入证，出入证须以经过监理人批准的格式印制。

7.4　承包人应确保任何未经监理人同意的参观人员进入现场；承包人应准备足够数量的专门用于参观人员的安全帽并带明显标志，承包人同时应准备一个参观人员登记簿用于记录所有参观现场人员的姓名、参观目的和参观时间等内容；承包人应确保每个参观现场的人员了解和遵守现场的安全管理规章制度，佩戴安全帽，确保所有经发包人和监理人批准的参观人员的人身安全。

7.5　承包人应为施工场地(现场)提供和维护符合建设行政主管部门和市容管理部门规定的临时围墙和其他安全维护，并在工程进度需要时，进行必要的改造。围墙和大门的表面维护应考虑定期的修补和重新刷漆，并应保证所有的乱涂乱画或招贴广告随时被清理。临时围墙和出入大门考虑必要的照明，照明系统要满足现场安全保卫和美观的要求。

7.6　承包人应当保证发包人支付的工程款项仅用于本合同目的，及时和足额地向所雇佣的人员支付劳动报酬，并制定严格的工人工资支付保障措施，确保所有分包人及时支付所雇佣工人的工资，有效防止影响社会安定的群体事件发生，并保障发包人免于因承包人(包括其分包人)拖欠工人工资而可能遭受的任何处罚、索赔、损失和损害等。

7.7　施工场地(现场)治安管理计划的要求：

_____。

7.8　突发治安事件紧急预案的要求：

_____。

7.9　治安保卫方面的其他要求如下：

_____

_____。

## 8. 地上、地下设施和周边建筑物的临时保护

8.1 承包人应为施工场地及其周边现有的地上、地下设施和建筑物提供足够的临时保护设施，确保施工过程中这些设施和建筑物不会受到干扰和破坏。

8.2 承包人应当制订现有设施临时保护方案和应急处理方案，并在本工程开工前至少提前7天报送监理人，监理人应在收到现有设施临时保护方案后的3天内批复承包人。承包人应当严格执行经监理人批准的保护方案，并保证在任何可能影响周边现有的地上、地下设施或周边建筑物的施工作业开始前，相应的临时保护设施能够落实到位。

8.3 发包人特别提醒承包人注意以下地上、地下设施和周边建筑物的保护：

_____

_____

_____

_____。

8.4 地上、地下设施和周边建筑物的临时保护的其他要求如下：

_____

_____。

## 9. 样品和材料代换

9.1 样品

9.1.1 本工程需要承包人提供样品的材料和工程设备如下：

_____

_____。

9.1.2 对于本款第9.1.1项约定的材料和工程设备，承包人应按照专用合同条款第5.1.2项约定的期限，向监理人提交样品并附上任何必要的说明书、生产(制造)许可证书、出厂合格证明或者证书、出厂检测报告、性能介绍、使用说明等相关资料，同时注明材料和工程设备的供货人及品种、规格、数量和供货时间等，以供检验和审批。样品送达的地点和样品的数量或尺寸应符合监理人和发包人的要求。除合同另有约定外，承包人在报送任何样品时应按监理人同意的格式填写并递

交样品报送单。监理人应及时签收样品。

9.1.3 合同条款第15.8.2项约定的依法不需要招标的、以暂估价形式包括在工程量清单中的材料和工程设备，所附资料除本款第9.1.2项约定的内容外，还应附上价格资料，每一类材料设备，至少应准备符合合同要求的三个产品，价格分高、中、低三档，以便监理人和发包人选择和批准。

9.1.4 监理人应在收到承包人报送的样品后7天内转呈发包人并附上监理人的书面审批意见。发包人在收到通过监理人转交的样品以及监理人的审批意见后7天内就此样品给出书面批复。监理人应在收到样品后21天内通知承包人他相关样品所做出的决定或指示(同时抄送一份给发包人)。承包人应根据监理人的书面批复和指示相应地进行下一步工作。如果监理人未能在承包人报送样品后21天内给出书面批复，承包人应就此通知监理人，要求尽快批复。如果发包人在收到此类通知后7天内仍未对样品进行批复，则视为监理人和发包人已经批准。

9.1.5 得到批准后的样品由监理人负责存放。但承包人应为保存样品提供适当和固定的场所并保持适当和良好的环境条件。

9.1.6 提供样品和提供存放样品场所的费用由承包人承担。

9.2 材料代换

9.2.1 如果任何后继法律、法规、规章、规范、标准和规程等禁止使用合同中约定的材料和工程设备，承包人应当按本款约定的程序使用其他替代品来实施工程或修补缺陷。监理人对使用替代品的批准以及承包人据此使用替代品不应减免合同约定的承包人的任何责任和义务。

9.2.2 如果使用替代品，承包人应至少在被替代品按批准的进度计划用于永久工程前56天以书面形式通知监理人并随此通知提交下列文件：

(1) 拟被替代的合同约定的材料和工程设备的名称、数量、规格、型号、品牌、性能、价格及其他任何详细资料；

(2) 拟采用的替代品的名称、数量、规格、型号、品牌、性能、价格及其他任何必要的详细资料；

(3) 替代品使用的工程部位；

(4) 采用替代品的理由和原因说明；

(5) 替代品与合同中约定的产品之间的差异以及使用替代品后可能对工程产生的任何影响；

(6) 价格上的差异；

（7）监理人为做出适当的决定而随时要求承包人提供的任何其他文件。

监理人在收到此类通知及上述文件后，应在 28 天内向承包人给出书面指示。如果 28 天内监理人未给出书面指示，应视为监理人和发包人已经批准使用上述替代品，承包人可以据此使用替代品。

9.2.3　任何情况下，替代品都应遵守本合同中对相关材料和工程设备的要求。

9.2.4　如果承包人根据本条约定使用了替代品，监理人应与承包人适当协商之后并在合理的期限内确定替代材料和工程设备与合同中约定的材料和工程设备之间的价值差值，并决定：

（1）如果替代材料和工程设备的价值高于合同中约定的材料和工程设备的价值，则将高出部分的价值追加到合同价格中并相应地通知承包人；

（2）如果替代材料和工程设备的价值低于合同中约定的材料和工程设备的价值，则将节余部分的价值从合同价格中扣除并相应地通知承包人。

# 10. 进口材料和工程设备

10.1　本工程需要进口的材料和工程设备如下：

_____

_____。

10.2　上述进口材料和工程设备采购、进口、报关、清关、商检、境内运输（包括保险）、保管的责任以及费用承担方式划分如下：

_____

_____。

# 11. 进度报告和进度例会

11.1　进度报告

11.1.1　施工过程中，承包人应向监理人指定的代表呈递一份每日的日进度报表、每周的周进度报表和每月的月进度报表。除非监理人同意，日进度报表应在次日上午九时前递交，周进度报表应在次周的周一上午九时前递交，月进度报表应随合同条款第 17.3.2 项约定的进度付款申请单一并递交。

11.1.2　日和周进度报表的内容应至少包括每日在现场工作的技术管理人员数

量、各工种技术工人和非技术工人数量、后勤人员数量、参观现场的人员数量，包括分包人人员数量；还应包括所使用的各种主要机械设备和车辆的型号、数量和台班，工作的区段，以及工程进度情况、天气情况记录、停工、质量和安全事故等特别事项说明；此外，应附上每日进场材料、物品或设备的分类汇总表、用于次日或次周的工程进度计划等。

11.1.3　月进度报表应当反映月完成工程量和累计完成工程量(包括永久工程和临时工程)、材料实际进货、消耗和库存量、现场施工设备的投运数量和运行状况、工程设备的到货情况、劳动力数量(本月及预计未来三个月劳动力的数量)、当前影响施工进度计划的因素和采取的改进措施、进度计划调整及其说明、质量事故和质量缺陷处理纪录、质量状况评价、安全施工措施计划实施情况、安全事故以及人员伤亡和财产损失情况(如果有)、环境保护措施实施和文明施工措施实施情况。

11.1.4　月进度报告还应附有一组充分显示工程形象进度的定点摄影照片。照片应当在经监理人批准的不同位置定期拍摄，每张照片都应标上相应的拍摄日期和简要文字说明，且应用经发包人和监理人批准的标准或格式装裱后呈交。

11.1.5　各个进度报表的格式和内容应经过监理人的审批。进度报表应如实填写，由承包人授权代表签名，并报监理人的指定代表签名确认后再行分发。

11.1.6　如果监理人认为必要，进度报告和进度照片应同时以存储在磁盘或光盘中的数据文件的形式递交给发包人和监理人。数据文件采用的应用软件及其版本应经过监理人的审批。

11.1.7　有关进度报告的其他要求：

_____

_____。

11.2　进度例会

11.2.1　监理人将主持召开有发包人、承包人、独立承包人和主要分包人等与本工程建设有关各方出席的每周一次的进度例会。必要时，监理人可随时召集所有上述各方或其中部分单位参加的会议。承包人应保证能代表其当场作出决定的高级管理人员出席会议。

11.2.2　进度例会的内容将涉及合同管理、进度协调和工程管理的各个方面，由监理人准备的会议议题将随会议通知在会议召开前至少 24 小时发给各参会方。

11.2.3　监理人应当做好会议记录，并在会议结束时由与会各方签字确认。监理人应根据会议记录整理出会议纪要，并在相应会议后 24 小时内分发给出席会议的各方。会议纪要应当如实反映会议记录的内容，包括任何决定、存在的问题、责任方、有关工作的时间目标等等。各方在收到会议纪要后 24 小时内给予签字确认，如有任何异议，应将有关异议以书面形式通知监理人，由监理人与有异议一方或各方共同核对会议记录，有异议的一方或者各方对与会议记录内容一致的会议纪要必须给予签字确认，否则监理人可以用会议记录作为会议纪要。经参会各方签字认可的会议纪要对各方有合同约束力。

11.2.4　有关进度例会的其他要求：

_____

_____。

# 12. 试验和检验

12.1　承包人应当按照工程施工验收规范和标准的规定和通用合同条款第 14 条的约定，对用于永久工程的主要材料、半成品、成品、建筑构配件、工程设备等进行试验和检验。

12.2　本工程需要承包人进行试验和检验的材料、工程设备和工艺如下：

_____

_____。

监理人可以根据工程需要，指示承包人进行其他现场材料和工艺的试验和检验。

12.3　本工程需要由监理人和承包人共同进行试验和检验的材料、工程设备和工艺如下：

_____

_____。

12.4　本条上述约定需要进行检验的材料、工程设备和工艺在经过检验并获得监理人批准以前，不得用于任何永久工程。

12.5　承包人应为任何材料、工程设备和工艺的检查、检测和检验提供劳务、电力、燃料、备用品、设备和仪器以及必要的协助。监理人及其任何授权人员应能够在任何时候进入现场及正在为工程制造、装配、准备材料和（或）工程设备的车间和场所进行任何必要的检查。无论这些车间和场所是否属于承包人，承包人都应提供一切便利，并协助其取得相应的权力和（或）许可。

12.6 如果检查、检测、检验或试验的结果表明，材料、工程设备和工艺有缺陷或不符合合同约定，监理人和发包人可拒收此类材料、工程设备和工艺，并应立即通知承包人同时说明理由。承包人应立即修复上述缺陷并保证其符合合同约定。若监理人或发包人要求对此类工程设备、材料、设计或工艺重新进行检验，则此类检验应按相同条款和条件重新进行。如果此类拒收和重新检验致使发包人产生了额外费用，则此类费用应由承包人支付给发包人，或从发包人应支付给承包人的款项中扣除。

12.7 承包人应在监理人的监督下，对涉及结构安全的试块、试件以及有关材料进行现场取样，并送_____质量检测单位进行检测。

12.8 除合同另有约定外，承包人应负担本合同项下的所有材料、工程设备和工艺检验的费用。

# 13. 计日工

13.1 通用合同条款第15.7款约定的计日工，一般适用于合同约定之外的或者因变更而产生的、工程量清单中没有设立相应子目或者即便有相应子目但因工作条件发生变化而无法适用的额外工作，尤其是那些时间不允许事先商定价格的额外工作。计日工在发包人认为必要时，由监理人按通用合同条款第15.7.1项约定通知承包人实施。

13.2 在工程实际开工后14天内，承包人应当按通用合同条款第15.7.2项约定的计日工报表内容，准备一份计日工日报表的格式，报送监理人审批，监理人应当在收到之日后7天内给予批复或提出修改意见。

13.3 按计日工实施相关变更的过程中，承包人应当按经监理人批准的计日工日报表格式，每天提交计日工报表和有关凭证，报送监理人审批，监理人应当在收到相关报表和凭证后24小时内给予批复。

13.4 计日工劳务按工日（8小时）计量，单次4小时以内按0.5个工日，单次4小时至8小时按1个工日，加班时间按照国家劳动法律法规的规定办理。实施计日工的劳务人员仅应包括直接从事计日工工作的工人和班组长（如果有），不应包括工长及其以上管理人员。

13.5 已标价工程量清单计日工材料表中未列出的材料，实际发生于计日工时，其价格按照经监理人事先审批的材料运到现场的价格和有关材料采购的发票票面价格(运到现场价)中的较低者结算，另计一个在计日工材料表中填写的包括承包人企业管理费、利润在内的一个固定百分比，规费和税金另计。

13.6　施工机械按台班计量(8 小时)，单次 4 小时以内按 0.5 个台班，单次 4 小时至 8 小时按 1 个台班，操作人员加班时间按照国家劳动法律法规的规定办理。计日工如果需要使用场外施工机械，台班费用和进出场费用按市场平均价格，由承包人事后报监理人审批。

13.7　关于计日工的其他约定：

_____。

# 14. 计量与支付

14.1　付款申请单

14.1.1　在工程实际开工后 14 天内，承包人应当按照合同条款第 17 条的约定，准备一份已完工程量报表、进度付款申请单和计量文件的格式等报送监理人，监理人应当在收到承包人报送的格式后 7 天内给予批复或者提出修改意见。

14.1.2　根据合同条款第 17.1 款和第 17.3 款，承包人应当在合同约定的每个付款周期末，对当期完成的各项工程量进行计量和计价，并按照第 17.3.2 项的约定，对当期应增加和扣减的各类款项进行梳理和汇总，按经监理人批准的格式和专用合同条款约定的份数和内容准备并向监理人递交进度付款申请单，并将进度付款申请单连同已完工程量报表、有关计量资料以及能够证明其进度付款申请单中所索要款项符合合同约定的各个支持性文件同时报送监理人审批。

14.1.3　竣工付款申请单的内容按专用合同条款第 17.5.1(1)目的约定。采用单价合同形式的，竣工付款申请单应当附上按通用合同条款第 17.1.4(5)目确定的结算工程量和最近一次进度付款和竣工付款之间完成的各子目的工程量计量文件。采用总价合同形式的，签约合同价所基于的工程量就是相应的竣工结算工程量，但是，变更应按合同约定进行计量和计价。

14.1.4　竣工结算总价(合同价格)应当按以下内容梳理：

(1) 签约合同价。

(2) 应当扣减的项目：

1) 所有暂列金额；

2) 所有暂估价；

3）根据合同条款第 15 条应扣减的变更金额；

4）根据合同条款第 16 条应扣减的价格调整（下调部分）；

5）根据合同条款第 23.4 款应扣减的发包人索赔金额；

6）甩项工程的合同价值（如果有）；

7）根据合同约定发包人应扣减的其他金额。

（3）应当增加的项目：

1）实际发生的暂列金额（包括计日工）；

2）实际发生的暂估价；

3）根据合同条款第 15 条应增加的变更金额；

4）根据合同条款第 16 条应增加的价格调整（上调部分）；

5）根据合同条款第 23.2 款应增加的承包人索赔金额；

6）根据合同约定承包人应当得到的其他金额。

（4）规费和税金差额部分。

14.1.5 最终结清申请单的应付金额应当按下列内容梳理：

（1）按合同约定扣留的质量保证金。

（2）应当扣除的金额：

1）按通用合同条款 17.4.3 项约定扣留的质量保证金；

2）按通用合同条款 19.2.4 项约定扣除的质量保证金；

3）根据合同条款第 23.4 款应扣减的缺陷责任期内发生的发包人索赔金额；

4）根据合同约定应扣减的其他金额。

（3）应当增加的金额：

1）已完且符合合同约定的甩项工程的价值；

2）按通用合同条款 19.2.3 项约定由承包人修复的发包人原因造成的缺陷的
价值；

3）根据合同条款第 23.2 款应增加的缺陷责任期内发生的承包人索赔金额；

4）根据合同约定承包人应当得到的其他金额。

最终结清应当由发包人和承包人按照"多退少补"的原则办理。

14.1.6 竣工付款申请单和最终结清申请单应当比照进度付款申请单的格式准
备，并提供相关证明材料。

14.2 其他约定

其他约定内容：

_____

_____。

## 15. 竣工验收和工程移交

15.1　竣工验收前的清理

15.1.1　在向监理人提交竣工验收申请报告前，承包人应当完成竣工验收前的清理工作，包括但不限于：

（1）从永久工程内清除所有剩余材料、杂物、垃圾等；

（2）清洗工程的所有地面、墙面、楼面、路面等表面；

（3）清洗和擦洗所有玻璃、瓷砖、石材和所有金属面；

（4）修缮所有损坏、清除所有污迹、替换所有需更换的材料；

（5）所有表面完成约定的装修和装饰；

（6）检查和调试所有的门、窗、抽屉等以确保他们开启的顺畅；

（7）检查和调试所有的五金件并上油；

（8）检查、测试和确保所有服务系统、设施和设备达到良好的运行状态和效果；

（9）所有钥匙(如果有)贴上标签并固定到钥匙排上随时可以交给监理人。

15.1.2　清理工作所需费用由承包人承担。

15.2　竣工验收申请报告

15.2.1　竣工验收申请报告，也称竣工验收报告，是承包人完成合同约定的工作内容后，按照国家有关施工质量验收标准的规定，经其自行检查，证明已经完成合同工作内容并符合合同约定，达到竣工验收标准，而向监理人或发包人提交的请求发包人组织进行合同工程竣工验收的一份书面申请函，合同约定的竣工验收资料和其他文件一般作为竣工验收申请报告的附件，是竣工验收申请报告的组成部分。

15.2.2　竣工验收申请报告一般应当包括工程概况说明，承包范围，分包工程情况，主要材料、设备供应情况，采用的主要施工方法，新材料、新技术和新工艺采用情况，自检质量情况等的说明。竣工验收申请报告的格式和应当包括的内容应事先经过监理人的审批。

15.2.3　竣工验收申请报告应当按通用合同条款第 18.2 款附上下列内容：

（1）承包人的自行检查和评定记录文件，即除监理人同意列入缺陷责任期内完成的尾工(甩项)工程和缺陷修补工作外，合同范围内的全部单位工程以及有关工作，包括合同要求的试验、试运行以及检验和验收均已完成，并符合合同要求；

（2）按专用合同条款第 18.2(2)目约定的内容和份数整理的符合要求的竣工资料；

（3）按监理人的要求编制了在缺陷责任期内完成的尾工(甩项)工程和缺陷修补工作清单以及相应施工计划；

（4）监理人要求在竣工验收前应完成的其他工作的证明材料；

（5）监理人要求提交的竣工验收资料清单；

（6）通用合同条款第 18.4.1 项约定的单位工程竣工验收成果和结论文件（如果有）；

（7）专用合同条款第 19.7 款约定的质量保修书（此前已经提交的不再提交）；

（8）其他：_____。

15.3 竣工清场

15.3.1 监理人颁发(出具)工程接收证书后，承包人应在 56 天内按以下要求对施工场地(现场)进行清理：

（1）从施工场地(现场)清除所有杂物和垃圾等；

（2）从施工场地现场拆除所有的临时工程和临时设施并恢复地面原状，但经监理人批准的护坡桩、锚杆、塔吊基础和无法拆除的埋入式模板等无法拆除的临时设施除外；

（3）撤离所有承包人施工设备和剩余材料（经监理人同意需在缺陷责任期内继续使用的除外）；

（4）监理人指示的其他清场工作。


# 16. 其他要求

_____

_____。

## 第二节　特殊技术标准和要求

### 1. 材料和工程设备技术要求

1.1　承包人自行施工范围内的部分材料和工程设备技术要求如下：

_____

_____

_____

_____

_____

_____

_____。

上述材料和工程设备技术要求中如果出现了参考品牌或规格型号，其目的是为了方便承包人直观和准确地把握相应材料和工程设备的技术标准，不具指定或唯一的意思表示，承包人应当参考所列品牌的材料和工程设备，采购相当于或高于所列品牌技术标准的材料和工程设备。

1.2　承包人自行施工范围内的材料和工程设备选型允许的偏离如下：

| 序号 | 材料和工程设备名称 | 技术指标 | 允许偏离范围 | 备注 |
| --- | --- | --- | --- | --- |
| 1 | | | | |
| 2 | | | | |
| …… | | | | |
| | | | | |

1.3　本工程施工现场所用混凝土或砂浆的供应方式为_____。

### 2. 特殊技术要求

除合同约定的技术要求外，本工程的特殊技术要求如下：

_____

_____。

## 3. 新技术、新工艺和新材料

本工程涉及的新技术、新工艺和新材料及相应使用和操作说明如下：

_____

_____。

## 4. 其他特殊技术标准和要求

_____

_____

_____

_____

_____

_____。

## 第三节　适用的国家、行业以及地方
## 规范、标准和规程

说明：本节内容只需列出规范、标准、规程等的名称、编号等内容。本节由招标人根据国家、行业和地方现行标准、规范和规程等，以及项目具体情况摘录。

## 附件 A: 施工现场现状平面图

　　**说明**: 该图由招标人准备,并作为招标文件本章的组成内容提供给投标人。图中应当标示本章第一节第 1.2.1 项规定的内容,并做必要的文字说明。

# 第 四 卷

# 第八章　投标文件格式

_____（项目名称）_____标段施工招标

# 投 标 文 件

投标人：_____（盖单位章）

法定代表人或其委托代理人：_____（签字）

_____年_____月_____日

# 目　　录

# 一、投标函及投标函附录

## （一）投标函

致：＿＿＿＿＿＿＿＿＿＿＿＿＿＿＿＿（招标人名称）

在考察现场并充分研究＿＿＿＿＿＿（项目名称）＿＿标段（以下简称"本工程"）施工招标文件的全部内容后，我方兹以：

人民币（大写）：＿＿＿＿＿＿＿＿＿＿＿＿＿＿＿＿元

RMB￥：＿＿＿＿＿＿＿＿＿＿＿＿＿＿＿＿元

的投标价格和按合同约定有权得到的其他金额，并严格按照合同约定，施工、竣工和交付本工程并维修其中的任何缺陷。

在我方的上述投标报价中，包括：

安全文明施工费 RMB￥：＿＿＿＿＿＿＿＿＿＿＿＿元

暂列金额（不包括计日工部分）RMB￥：＿＿＿＿＿＿＿＿元

专业工程暂估价 RMB￥：＿＿＿＿＿＿＿＿＿＿＿＿元

如果我方中标，我方保证在＿＿＿＿年＿＿月＿＿日或按照合同约定的开工日期开始本工程的施工，＿＿＿＿＿＿天（日历日）内竣工，并确保工程质量达到＿＿＿＿＿＿标准。我方同意本投标函在招标文件规定的提交投标文件截止时间后，在招标文件规定的投标有效期期满前对我方具有约束力，且随时准备接受你方发出的中标通知书。

随本投标函递交的投标函附录是本投标函的组成部分，对我方构成约束力。

随同本投标函递交投标保证金一份，金额为人民币（大写）：＿＿＿＿＿元（￥：　元）。

在签署协议书之前，你方的中标通知书连同本投标函，包括投标函附录，对双方具有约束力。

投标人（盖章）：

法人代表或委托代理人（签字）：

日期：＿＿＿＿＿＿年＿＿月＿＿日

**备注**：采用综合评估法评标，且采用分项报价方法对投标报价进行评分的，应当在投标函中增加分项报价的填报。

## （二）投标函附录

工程名称：＿＿＿＿＿＿＿（项目名称）＿＿＿＿标段

| 序号 | 条款内容 | 合同条款号 | 约定内容 | 备注 |
|------|----------|------------|----------|------|
| 1 | 项目经理 | 1.1.2.4 | 姓名：＿＿＿＿ | |
| 2 | 工期 | 1.1.4.3 | ＿＿＿＿日历天 | |
| 3 | 缺陷责任期 | 1.1.4.5 | | |
| 4 | 承包人履约担保金额 | 4.2 | | |
| 5 | 分包 | 4.3.4 | 见分包项目情况表 | |
| 6 | 逾期竣工违约金 | 11.5 | ＿＿＿＿元/天 | |
| 7 | 逾期竣工违约金最高限额 | 11.5 | ＿＿＿＿ | |
| 8 | 质量标准 | 13.1 | | |
| 9 | 价格调整的差额计算 | 16.1.1 | 见价格指数权重表 | |
| 10 | 预付款额度 | 17.2.1 | | |
| 11 | 预付款保函金额 | 17.2.2 | | |
| 12 | 质量保证金扣留百分比 | 17.4.1 | | |
| 13 | 质量保证金额度 | 17.4.1 | | |
| …… | …… | | | |

**备注**：投标人在响应招标文件中规定的实质性要求和条件的基础上，可做出其他有利于招标人的承诺。此类承诺可在本表中予以补充填写。

投标人（盖章）：

法人代表或委托代理人（签字）：

日期：＿＿＿年＿＿＿月＿＿＿日

## 价格指数权重表

| 名称 | | 基本价格指数 | | 权重 | | | 价格指数来源 |
|---|---|---|---|---|---|---|---|
| | | 代号 | 指数值 | 代号 | 允许范围 | 投标人建议值 | |
| 定值部分 | | | | A | | | |
| 变值部分 | 人工费 | $F_{01}$ | | $B_1$ | __至__ | | |
| | 钢材 | $F_{02}$ | | $B_2$ | __至__ | | |
| | 水泥 | $F_{03}$ | | $B_3$ | __至__ | | |
| | …… | … | | … | …… | | |
| | | | | | | | |
| | | | | | | | |
| 合　计 | | | | | | 1.00 | |

**备注：** 在专用合同条款 16.1 款约定采用价格指数法进行价格调整时适用本表。表中除"投标人建议值"由投标人结合其投标报价情况选择填写外，其余均由招标人在招标文件发出前填写。

## 二、法定代表人身份证明

投 标 人：＿＿＿＿＿＿＿＿＿＿＿＿＿＿＿＿＿＿＿＿

单位性质：＿＿＿＿＿＿＿＿＿＿＿＿＿＿＿＿＿＿＿＿

地　　址：＿＿＿＿＿＿＿＿＿＿＿＿＿＿＿＿＿＿＿＿

成立时间：＿＿＿＿＿＿＿年＿＿＿＿月＿＿＿＿日

经营期限：＿＿＿＿＿＿＿＿＿＿＿＿＿＿＿＿＿＿＿＿

姓　　名：＿＿＿＿＿＿＿＿＿性　　别：＿＿＿＿＿＿＿＿

年　　龄：＿＿＿＿＿＿＿＿＿职　　务：＿＿＿＿＿＿＿＿

系＿＿＿＿＿＿＿＿＿＿＿＿＿＿＿（投标人名称）的法定代表人。

特此证明。


投标人：＿＿＿＿＿＿＿＿＿＿＿（盖单位章）


＿＿＿＿年＿＿＿＿月＿＿＿＿日

230

# 二、授权委托书

本人_____(姓名)系_____(投标人名称)的法定代表人，现委托_____(姓名)为我方代理人。代理人根据授权，以我方名义签署、澄清、说明、补正、递交、撤回、修改_____(项目名称)_____标段施工投标文件、签订合同和处理有关事宜，其法律后果由我方承担。

委托期限：_____

_____。

代理人无转委托权。

附：法定代表人身份证明

投　标　人：_____(盖单位章)

法定代表人：_____(签字)

身份证号码：_____

委托代理人：_____(签字)

身份证号码：_____

_____年_____月_____日

# 三、联合体协议书

牵头人名称：_____

法定代表人：_____

法定住所：_____

成员二名称：_____

法定代表人：_____

法定住所：_____

......

鉴于上述各成员单位经过友好协商，自愿组成_____（联合体名称）联合体；共同参加_____（招标人名称）（以下简称招标人）_____（项目名称）___标段（以下简称本工程）的施工投标并争取赢得本工程施工承包合同（以下简称合同）。现就联合体投标事宜订立如下协议：

1. _____（某成员单位名称）为_____（联合体名称）牵头人。

2. 在本工程投标阶段，联合体牵头人合法代表联合体各成员负责本工程投标文件编制活动，代表联合体提交和接收相关的资料、信息及指示，并处理与投标和中标有关的一切事务；联合体中标后，联合体牵头人负责合同订立和合同实施阶段的主办、组织和协调工作。

3. 联合体将严格按照招标文件的各项要求，递交投标文件，履行投标义务和中标后的合同，共同承担合同规定的一切义务和责任，联合体各成员单位按照内部职责的划分，承担各自所负的责任和风险，并向招标人承担连带责任。

4. 联合体各成员单位内部的职责分工如下：_____。按照本条上述分工，联合体成员单位各自所承担的合同工作量比例如下：_____。

5. 投标工作和联合体在中标后工程实施过程中的有关费用按各自承担的工作量分摊。

6. 联合体中标后，本联合体协议是合同的附件，对联合体各成员单位有合同约束力。

7. 本协议书自签署之日起生效，联合体未中标或者中标时合同履行完毕后自动失效。

8. 本协议书一式_____份，联合体成员和招标人各执一份。

牵头人名称：＿＿＿＿＿＿＿＿＿＿＿＿＿＿＿＿（盖单位章）

法定代表人或其委托代理人：＿＿＿＿＿＿＿＿＿＿（签字）


成员二名称：＿＿＿＿＿＿＿＿＿＿＿＿＿＿＿＿（盖单位章）

法定代表人或其委托代理人：＿＿＿＿＿＿＿＿＿＿（签字）

……

＿＿＿＿＿年＿＿＿＿＿月＿＿＿＿＿日



**备注**：本协议书由委托代理人签字的，应附法定代表人签字的授权委托书。

# 四、投 标 保 证 金

保函编号：_____

_____（招标人名称）：

　　鉴于_____（投标人名称）（以下简称"投标人"）参加你方_____（项目名称）___标段的施工投标，_____（担保人名称）（以下简称"我方"）受该投标人委托，在此无条件地、不可撤销地保证：一旦收到你方提出的下述任何一种事实的书面通知，在7日内无条件地向你方支付总额不超过_____（投标保函额度）的任何你方要求的金额：

　　1. 投标人在规定的投标有效期内撤销或者修改其投标文件。

　　2. 投标人在收到中标通知书后无正当理由而未在规定期限内与贵方签署合同。

　　3. 投标人在收到中标通知书后未能在招标文件规定期限内向贵方提交招标文件所要求的履约担保。

　　本保函在投标有效期内保持有效，除非你方提前终止或解除本保函。要求我方承担保证责任的通知应在投标有效期内送达我方。保函失效后请将本保函交投标人退回我方注销。

　　本保函项下所有权利和义务均受中华人民共和国法律管辖和制约。

担保人名称：_____（盖单位章）

法定代表人或其委托代理人：_____（签字）

地　　址：_____

邮政编码：_____

电　　话：_____

传　　真：_____

_____年_____月_____日

　　**备注**：经过招标人事先的书面同意，投标人可采用招标人认可的投标保函格式，但相关内容不得背离招标文件约定的实质性内容。

# 五、已标价工程量清单

说明：已标价工程量清单按第五章"工程量清单"中的相关清单表格式填写。构成合同文件的已标价工程量清单包括第五章"工程量清单"有关工程量清单、投标报价以及其他说明的内容。

# 六、施 工 组 织 设 计

1. 投标人应根据招标文件和对现场的勘察情况，采用文字并结合图表形式，参考以下要点编制本工程的施工组织设计：

(1) 施工方案及技术措施；

(2) 质量保证措施和创优计划；

(3) 施工总进度计划及保证措施（包括以横道图或标明关键线路的网络进度计划、保障进度计划需要的主要施工机械设备、劳动力需求计划及保证措施、材料设备进场计划及其他保证措施等）；

(4) 施工安全措施计划；

(5) 文明施工措施计划；

(6) 施工场地治安保卫管理计划；

(7) 施工环保措施计划；

(8) 冬期和雨期施工方案；

(9) 施工现场总平面布置（投标人应递交一份施工总平面图，绘出现场临时设施布置图表并附文字说明，说明临时设施、加工车间、现场办公、设备及仓储、供电、供水、卫生、生活、道路、消防等设施的情况和布置）；

(10) 项目组织管理机构（若施工组织设计采用"暗标"方式评审，则在任何情况下，"项目管理机构"不得涉及人员姓名、简历、公司名称等暴露投标人身份的内容）；

(11) 承包人自行施工范围内拟分包的非主体和非关键性工作（按第二章"投标人须知"第1.11款的规定）、材料计划和劳动力计划；

(12) 成品保护和工程保修工作的管理措施和承诺；

(13) 任何可能的紧急情况的处理措施、预案以及抵抗风险（包括工程施工过程中可能遇到的各种风险）的措施；

(14) 对总包管理的认识以及对专业分包工程的配合、协调、管理、服务方案；

(15) 与发包人、监理及设计人的配合；

(16) 招标文件规定的其他内容。

2. 若投标人须知规定施工组织设计采用技术"暗标"方式评审，则施工组织设计的编制和装订应按附表七"施工组织设计（技术暗标部分）编制及装订要求"编制和装订施工组织设计。

3. 施工组织设计除采用文字表述外可附下列图表，图表及格式要求附后。若采用技术暗标评审，则下述表格应按照章节内容，严格按给定的格式附在相应的章节中。

附表一　拟投入本工程的主要施工设备表

附表二　拟配备本工程的试验和检测仪器设备表

附表三　劳动力计划表

附表四　计划开、竣工日期和施工进度网络图

附表五　施工总平面图

附表六　临时用地表

附表七　施工组织设计(技术暗标部分)编制及装订要求

## 附表一：拟投入本工程的主要施工设备表

| 序号 | 设备名称 | 型号规格 | 数量 | 国别产地 | 制造年份 | 额定功率（kW） | 生产能力 | 用于施工部位 | 备注 |
|------|----------|----------|------|----------|----------|----------------|----------|--------------|------|
|      |          |          |      |          |          |                |          |              |      |
|      |          |          |      |          |          |                |          |              |      |
|      |          |          |      |          |          |                |          |              |      |
|      |          |          |      |          |          |                |          |              |      |
|      |          |          |      |          |          |                |          |              |      |
|      |          |          |      |          |          |                |          |              |      |
|      |          |          |      |          |          |                |          |              |      |
|      |          |          |      |          |          |                |          |              |      |
|      |          |          |      |          |          |                |          |              |      |
|      |          |          |      |          |          |                |          |              |      |
|      |          |          |      |          |          |                |          |              |      |
|      |          |          |      |          |          |                |          |              |      |
|      |          |          |      |          |          |                |          |              |      |
|      |          |          |      |          |          |                |          |              |      |
|      |          |          |      |          |          |                |          |              |      |
|      |          |          |      |          |          |                |          |              |      |
|      |          |          |      |          |          |                |          |              |      |
|      |          |          |      |          |          |                |          |              |      |
|      |          |          |      |          |          |                |          |              |      |
|      |          |          |      |          |          |                |          |              |      |
|      |          |          |      |          |          |                |          |              |      |
|      |          |          |      |          |          |                |          |              |      |

## 附表二：拟配备本工程的试验和检测仪器设备表

| 序号 | 仪器设备名称 | 型号规格 | 数量 | 国别产地 | 制造年份 | 已使用台时数 | 用途 | 备注 |
|---|---|---|---|---|---|---|---|---|
|  |  |  |  |  |  |  |  |  |
|  |  |  |  |  |  |  |  |  |
|  |  |  |  |  |  |  |  |  |
|  |  |  |  |  |  |  |  |  |
|  |  |  |  |  |  |  |  |  |
|  |  |  |  |  |  |  |  |  |
|  |  |  |  |  |  |  |  |  |
|  |  |  |  |  |  |  |  |  |
|  |  |  |  |  |  |  |  |  |
|  |  |  |  |  |  |  |  |  |
|  |  |  |  |  |  |  |  |  |
|  |  |  |  |  |  |  |  |  |
|  |  |  |  |  |  |  |  |  |
|  |  |  |  |  |  |  |  |  |
|  |  |  |  |  |  |  |  |  |
|  |  |  |  |  |  |  |  |  |
|  |  |  |  |  |  |  |  |  |
|  |  |  |  |  |  |  |  |  |
|  |  |  |  |  |  |  |  |  |
|  |  |  |  |  |  |  |  |  |
|  |  |  |  |  |  |  |  |  |

## 附表三：劳动力计划表

单位：人

| 工种 | 按工程施工阶段投入劳动力情况 | | | | | |
|---|---|---|---|---|---|---|
|  |  |  |  |  |  |  |
|  |  |  |  |  |  |  |
|  |  |  |  |  |  |  |
|  |  |  |  |  |  |  |
|  |  |  |  |  |  |  |
|  |  |  |  |  |  |  |
|  |  |  |  |  |  |  |
|  |  |  |  |  |  |  |
|  |  |  |  |  |  |  |
|  |  |  |  |  |  |  |
|  |  |  |  |  |  |  |
|  |  |  |  |  |  |  |
|  |  |  |  |  |  |  |
|  |  |  |  |  |  |  |
|  |  |  |  |  |  |  |
|  |  |  |  |  |  |  |
|  |  |  |  |  |  |  |
|  |  |  |  |  |  |  |
|  |  |  |  |  |  |  |
|  |  |  |  |  |  |  |
|  |  |  |  |  |  |  |
|  |  |  |  |  |  |  |
|  |  |  |  |  |  |  |

## 附表四：计划开、竣工日期和施工进度网络图

1. 投标人应递交施工进度网络图或施工进度表，说明按招标文件要求的计划工期进行施工的各个关键日期。

2. 施工进度表可采用网络图和(或)横道图表示。

## 附表五：施工总平面图

投标人应递交一份施工总平面图，绘出现场临时设施布置图表并附文字说明，说明临时设施、加工车间、现场办公、设备及仓储、供电、供水、卫生、生活、道路、消防等设施的情况和布置。

## 附表六：临时用地表

| 用途 | 面积(平方米) | 位置 | 需用时间 |
|---|---|---|---|
| | | | |
| | | | |
| | | | |
| | | | |
| | | | |
| | | | |
| | | | |
| | | | |
| | | | |
| | | | |
| | | | |
| | | | |
| | | | |
| | | | |
| | | | |
| | | | |
| | | | |
| | | | |
| | | | |
| | | | |
| | | | |
| | | | |
| | | | |
| | | | |
| | | | |
| | | | |
| | | | |
| | | | |
| | | | |
| | | | |

## 附表七：施工组织设计（技术暗标部分）编制及装订要求

（一）施工组织设计中纳入"暗标"部分的内容：

_____

_____

_____

_____。

（二）暗标的编制和装订要求

1. 打印纸张要求：_____。

2. 打印颜色要求：_____。

3. 正本封皮（包括封面、侧面及封底）设置及盖章要求：_____。

4. 副本封皮（包括封面、侧面及封底）设置要求：_____。

5. 排版要求：_____。

6. 图表大小、字体、装订位置要求：_____。

7. 所有"技术暗标"必须合并装订成一册，所有文件左侧装订，装订方式应牢固、美观，不得采用活页方式装订，均应采用_____方式装订。

8. 编写软件及版本要求：Microsoft Word _____。

9. 任何情况下，技术暗标中不得出现任何涂改、行间插字或删除痕迹。

10. 除满足上述各项要求外，构成投标文件的"技术暗标"的正文中均不得出现投标人的名称和其他可识别投标人身份的字符、徽标、人员名称以及其他特殊标记等。


**备注：**"暗标"应当以能够隐去投标人的身份为原则，尽可能简化编制和装订要求。

244

# 七、项目管理机构

## （一）项目管理机构组成表

| 职务 | 姓名 | 职称 | 执业或职业资格证明 | | | | | 备注 |
|---|---|---|---|---|---|---|---|---|
| | | | 证书名称 | 级别 | 证号 | 专业 | 养老保险 | |
| | | | | | | | | |
| | | | | | | | | |
| | | | | | | | | |
| | | | | | | | | |
| | | | | | | | | |
| | | | | | | | | |
| | | | | | | | | |
| | | | | | | | | |
| | | | | | | | | |
| | | | | | | | | |
| | | | | | | | | |
| | | | | | | | | |
| | | | | | | | | |
| | | | | | | | | |
| | | | | | | | | |
| | | | | | | | | |
| | | | | | | | | |
| | | | | | | | | |
| | | | | | | | | |
| | | | | | | | | |
| | | | | | | | | |
| | | | | | | | | |

## （二）主要人员简历表

**附 1：项目经理简历表**

项目经理应附建造师执业资格证书、注册证书、安全生产考核合格证书、身份证、职称证、学历证、养老保险复印件及未担任其他在施建设工程项目项目经理的承诺书，管理过的项目业绩须附合同协议书和竣工验收备案登记表复印件。类似项目限于以项目经理身份参与的项目。

| 姓名 | | 年龄 | | 学历 | |
|---|---|---|---|---|---|
| 职称 | | 职务 | | 拟在本工程任职 | 项目经理 |
| 注册建造师执业资格等级 | | | 级 | 建造师专业 | |
| 安全生产考核合格证书 | | | | | |
| 毕业学校 | 年毕业于 | | 学校 | 专业 | |
| 主要工作经历 | | | | | |
| 时间 | 参加过的类似项目名称 | | 工程概况说明 | | 发包人及联系电话 |
| | | | | | |
| | | | | | |
| | | | | | |
| | | | | | |
| | | | | | |
| | | | | | |
| | | | | | |
| | | | | | |
| | | | | | |

**附 2：主要项目管理人员简历表**

主要项目管理人员指项目副经理、技术负责人、合同商务负责人、专职安全生产管理人员等岗位人员。应附注册资格证书、身份证、职称证、学历证、养老保险复印件，专职安全生产管理人员应附安全生产考核合格证书，主要业绩须附合同协议书。

| 岗位名称 | | |
|---|---|---|
| 姓　　名 | | 年　　龄 |
| 性　　别 | | 毕业学校 |
| 学历和专业 | | 毕业时间 |
| 拥有的执业资格 | | 专业职称 |
| 执业资格证书编号 | | 工作年限 |
| 主要工作业绩及担任的主要工作 | | |

附 3: 承诺书

# 承诺书

_____(招标人名称):

我方在此声明,我方拟派往_____(项目名称)____标段(以下简称"本工程")的项目经理_____(项目经理姓名)现阶段没有担任任何在施建设工程项目的项目经理。

我方保证上述信息的真实和准确,并愿意承担因我方就此弄虚作假所引起的一切法律后果。

特此承诺

投标人:_____(盖单位章)

法定代表人或其委托代理人:_____(签字)

_____年_____月_____日

# 八、拟分包计划表

| 序号 | 拟分包项目名称、范围及理由 | 拟选分包人 | | | | | 备注 |
|---|---|---|---|---|---|---|---|
| | | | 拟选分包人名称 | 注册地点 | 企业资质 | 有关业绩 | |
| | | 1 | | | | | |
| | | 2 | | | | | |
| | | 3 | | | | | |
| | | 1 | | | | | |
| | | 2 | | | | | |
| | | 3 | | | | | |
| | | 1 | | | | | |
| | | 2 | | | | | |
| | | 3 | | | | | |
| | | 1 | | | | | |
| | | 2 | | | | | |
| | | 3 | | | | | |

**备注：**本表所列分包仅限于承包人自行施工范围内的非主体、非关键工程。

日期： 年 月 日

# 九、资格审查资料

## （一）投标人基本情况表

| 投标人名称 | | | | | | |
|---|---|---|---|---|---|---|
| 注册地址 | | | 邮政编码 | | | |
| 联系方式 | 联系人 | | 电话 | | | |
| | 传真 | | 网址 | | | |
| 组织结构 | | | | | | |
| 法定代表人 | 姓名 | | 技术职称 | | 电话 | |
| 技术负责人 | 姓名 | | 技术职称 | | 电话 | |
| 成立时间 | | 员工总人数： | | | | |
| 企业资质等级 | | 其中 | 项目经理 | | | |
| 营业执照号 | | | 高级职称人员 | | | |
| 注册资金 | | | 中级职称人员 | | | |
| 开户银行 | | | 初级职称人员 | | | |
| 账号 | | | 技工 | | | |
| 经营范围 | | | | | | |
| 备注 | | | | | | |

**备注**：本表后应附企业法人营业执照及其年检合格的证明材料、企业资质证书副本、安全生产许可证等材料的复印件。

## （二）近年财务状况表

备注：在此附经会计师事务所或审计机构审计的财务财务会计报表，包括资产
负债表、损益表、现金流量表、利润表和财务情况说明书的复印件，具
体年份要求见第二章"投标人须知"的规定。

## （三）近年完成的类似项目情况表

| | |
|---|---|
| 项目名称 | |
| 项目所在地 | |
| 发包人名称 | |
| 发包人地址 | |
| 发包人联系人及电话 | |
| 合同价格 | |
| 开工日期 | |
| 竣工日期 | |
| 承担的工作 | |
| 工程质量 | |
| 项目经理 | |
| 技术负责人 | |
| 总监理工程师及电话 | |
| 项目描述 | |
| 备注 | |

备注：1. 类似项目指＿＿＿＿＿＿＿＿＿＿＿＿＿＿＿＿＿＿＿＿＿＿＿＿＿＿工程 。

2. 本表后附中标通知书和（或）合同协议书、工程接收证书（工程竣工验收证书）的复印件，具体年份要求见投标人须知前附表。每张表格只填写一个项目，并标明序号。

## （四）正在施工的和新承接的项目情况表

| | |
|---|---|
| 项目名称 | |
| 项目所在地 | |
| 发包人名称 | |
| 发包人地址 | |
| 发包人电话 | |
| 签约合同价 | |
| 开工日期 | |
| 计划竣工日期 | |
| 承担的工作 | |
| 工程质量 | |
| 项目经理 | |
| 技术负责人 | |
| 总监理工程师及电话 | |
| 项目描述 | |
| 备注 | |

**备注：** 本表后附中标通知书和(或)合同协议书复印件。每张表格只填写一个项目，并标明序号。

## (五) 近年发生的诉讼和仲裁情况

**说明：**近年发生的诉讼和仲裁情况仅限于投标人败诉的，且与履行施工承包合同有关的案件，不包括调解结案以及未裁决的仲裁或未终审判决的诉讼。

**（六）企业其他信誉情况表**（年份要求同诉讼及仲裁情况年份要求）

　　1. 近年企业不良行为记录情况

　　2. 在施工程以及近年已竣工工程合同履行情况

　　3. 其他

　　**备注：**

　　1. 企业不良行为记录情况主要是近年投标人在工程建设过程中因违反有关工程建设的法律、法规、规章或强制性标准和执业行为规范，经县级以上建设行政主管部门或其委托的执法监督机构查实和行政处罚，形成的不良行为记录。应当结合第二章"投标人须知"前附表第 10.1.2 项定义的范围填写。

　　2. 合同履行情况主要是投标人近年所承接工程和已竣工工程是否按合同约定的工期、质量、安全等履行合同义务，对未竣工工程合同履行情况还应重点说明非不可抗力解除合同（如果有）的原因等具体情况，等等。

## （七）主要项目管理人员简历表

说明："主要人员简历表"同本章附件七之（二）。未进行资格预审但本章"项目管理机构"已有本表内容的，无需重复提交。

# 十、其他材料